U0167944

精华版

零基础学电工电路

识图、布线、接线与维修实战

（图解·视频·案例）

图说帮 编著

中国水利水电出版社

www.waterpub.com.cn

·北京·

内容提要

本书是一本专门讲解 电工电路识图、布线、接线、应用与维修技能 的图书。

本书以国家职业资格标准为指导，结合行业培训规范，依托典型案例，全面、细致地介绍各种电工电路的功能、特点、识读应用等专业知识及接线检修等综合实操技能。

本书内容包含：电工电路的符号标识，电工电路的基本结构，电路控制关系与识图方法，线缆的加工、连接与布线，电工电路常用部件安装与接线，电子元器件与电子电路识图，供配电电路识图与检修，灯控照明电路识图与检修，直流电动机控制电路识图与检修，单相交流电动机控制电路识图与检修，三相交流电动机控制电路识图与检修，机电设备控制电路识图与检修，农机控制电路识图与检修，PLC及变频电路识图与检修等。

本书采用全彩图解的方式，讲解全面详细，理论和实践操作相结合，内容由浅入深，语言通俗易懂，非常方便读者学习。

另外，为了提升学习体验，本书采用微视频讲解互动的全新教学模式，在内页重要知识点相关图文的旁边附印了二维码。读者只要用手机扫描书中相关知识点的二维码，即可在手机上实时浏览观看对应的教学视频。

本书可供电工电子初学者及专业技术人员学习使用，也可供职业院校、培训学校相关专业的师生和电子爱好者阅读。

图书在版编目（ＣＩＰ）数据

零基础学电工电路识图、布线、接线与维修实战 ：图解·视频·案例 / 图说帮编著. -- 北京 ：中国水利水电出版社，2022.8（2023.1重印）
ISBN 978-7-5226-0633-0

Ⅰ．①零… Ⅱ．①图… Ⅲ．①电路图-识图②电路-布线③电路-维修 Ⅳ．①TM

中国版本图书馆CIP数据核字（2022）第066676号

书　　名	零基础学电工电路识图、布线、接线与维修实战（图解·视频·案例） LING JICHU XUE DIANGONG DIANLU SHITU、BUXIAN、JIEXIAN YU WEIXIU SHIZHAN
作　　者	图说帮 编著
出版发行	中国水利水电出版社 （北京市海淀区玉渊潭南路1号D座　100038） 网址：www.waterpub.com.cn E-mail: zhiboshangshu@163.com 电话：（010）62572966-2205/2266/2201（营销中心）
经　　售	北京科水图书销售有限公司 电话：（010）68545874、63202643 全国各地新华书店和相关出版物销售网点
排　　版	北京智博尚书文化传媒有限公司
印　　刷	河北文福旺印刷有限公司
规　　格	185mm×260mm 16开本 7印张 181千字
版　　次	2022年8月第1版 2023年1月第2次印刷
印　　数	3001—6000册
定　　价	59.00元

前言

电工电路识图、布线、接线、检修是电子电工领域必须掌握的专业基础技能。

本书是《零基础学电工电路识图、布线、接线与维修实战》的"精华版"。通过实战案例，全面、系统地讲解各类电工电路的特点、应用、识图、接线及检修等各项专业知识和综合实操技能。

全新的知识技能体系

本书的编写目的是让读者能够在短时间内领会并掌握各种不同类型电工电路的识图方法与布线、接线、检修等专业知识和操作技能。为此，图说帮根据国家职业资格标准和行业培训规范，对电工领域所应用的电工电路进行了细致的归纳和整理。从零基础开始，通过大量实例，全面、系统地讲解电工电路识图方法，并结合接线、布线和检修的实操演示，真正让本书成为一本从理论学习逐步上升为实战应用的专业技能指导图书。

全新的内容诠释

本书在内容诠释方面极具"视觉冲击力"。整本图书采用彩色印刷，突出重点；内容由浅入深、循序渐进；按照行业培训特色将各知识技能整合成若干"项目模块"输出；知识技能的讲授充分发挥"图说"的特色，大量的结构原理图、效果图、实物照片和操作演示拆解图相互补充；依托实战案例，通过以"图"代"解"、以"解"说"图"的形式向读者最直观地传授电工电路识图、接线、布线及检修的专业知识和综合技能，让读者能够轻松、快速、准确地领会和掌握。

全新的学习体验

本书开创了全新的学习体验，"模块化教学"+"多媒体图解"+"二维码微视频"构成了本书独有的学习特色。增强了读者自主学习的互动性，提升了学习效率，增强了学习的兴趣和效果。

超值附加资源

作为《零基础学电工电路识图、布线、接线与维修实战》的"精华版"，本书进行了全面的"精华增值"。重新调整了传统页码与数字资源的比例，充分发挥网络学习优势，95个扫码资源，内容涉及微视频讲解、电路标准、规范及维修数据等多种形式，这些电子文档使得本书的容纳度大大增加，远超书籍本身。读者可直接扫码学习，方便、快捷，具有很强的针对性和资料查询特性。

当然，我们也一直在学习和探索专业的知识技能，由于水平有限，编写时间仓促，书中难免会出现一些疏漏，欢迎读者指正，也期待与您的技术交流。

图说帮
网址：http://www.taoo.cn
联系电话：022-83715667/13114807267
E-mail：chinadse@126.com
地址：天津市南开区榕苑路4号天发科技园8-1-401
邮编：300384

文档资源总码

全新体系开启全新"学"&"练"模式 ！

📍 文字标识

📍 图形符号

📍 直流电路

📍 交流电路

识图基础

电路连接方式（串联／并联／混联）

📍 电源开关

📍 按钮

📍 继电器

📍 接触器

📍 传感器

控制关系

📍 点动控制

自锁控制

互锁控制

📍 识图要领

📍 识图步骤

识图方法

线缆加工、连接与布线

📍 线缆加工

📍 线缆连接

📍 布线（明敷、暗敷）

零基础学电工电路识图、布线、接线与维修实战

（图解·视频·案例）精华版

常用部件安装与接线

- 交流接触器安装与接线
- 热继电器安装与接线
- 熔断器安装与接线
- 电源插座安装与接线
- 接地装置连接

电子元器件与电路识图

- 电子电路中的电子元器件
- 电子电路识图技巧
- 基本放大电路识图案例
- 电源电路与音频电路识图案例
- 遥控电路与脉冲电路识图案例

供配电电路识图与检修

- 低压供配电电路
- 高压供配电电路

灯控照明电路识图与检修

电动机控制电路识图与检修

- 直流电动机控制电路
- 单相交流电动机控制电路
- 三相交流电动机控制电路

机电设备控制电路识图与检修

农机控制电路识图与检修

PLC及变频电路识图与检修

第4章　线缆的加工、连接与布线(P31)

第5章 电工电路常用部件安装与接线(P45)

第8章 灯控照明电路识图与检修(P73)

第12章　机电设备控制电路识图与检修(P88)

第13章　农机控制电路识图与检修(P91)

第14章　PLC及变频电路识图与检修(P94)

第1章

电工电路的符号标识

1.1 文字符号标识

1.1.1 基本文字符号

文字符号是电工电路中常用的一种字符代码，一般标注在电路中的电气设备、装置和元器件的近旁，以标识其种类和名称。图1-1为电工电路中的基本文字符号。

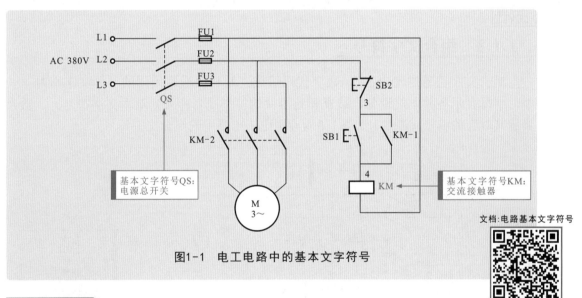

图1-1 电工电路中的基本文字符号

文档:电路基本文字符号

✏ **补充说明**

基本文字符号一般分为单字母符号和双字母符号。其中，单字母符号是按拉丁字母将各种电气设备、装置、元器件划分为23个大类，每个大类用一个大写字母表示。例如，R表示电阻器类，S表示开关选择器类。在电工电路中，优先选用单字母符号。

双字母符号由一个表示种类的单字母符号与另一个字母组成。通常为单字母符号在前、另一个字母在后的组合形式。例如，F表示保护器件类，FU表示熔断器类；G表示电源类，GB表示蓄电池类（B为蓄电池的英文名称battery的首字母的大写）；T表示变压器类，TA表示电流互感器类（A为电流表的英文名称ammeter的首字母的大写）。

通常，电工电路中常见的基本文字符号主要包括组件部件、变换器、电容器、半导体器件等。

1.1.2 辅助文字符号

电气设备、装置和元器件的种类和名称可用基本文字符号表示，而它们的功能、状态和特征则用辅助文字符号表示。图1-2为典型电工电路中的辅助文字符号。

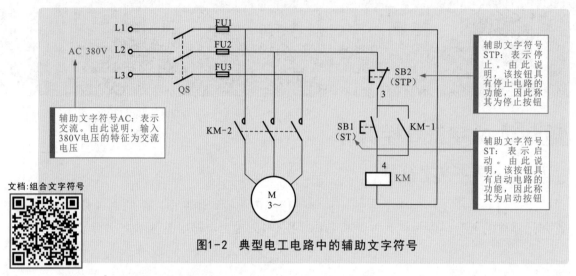

图1-2 典型电工电路中的辅助文字符号

1.1.3 组合文字符号

组合文字符号通常由字母+数字代码组成，是目前最常采用的一种文字符号。其中，字母表示各种电气设备、装置和元器件的种类或名称（为基本文字符号），数字表示其对应的编号（序号）。图1-3为典型电工电路中的组合文字符号。

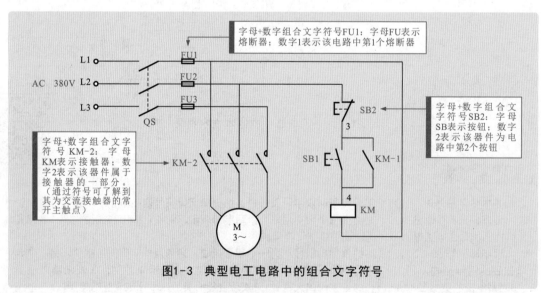

图1-3 典型电工电路中的组合文字符号

将数字代码与字母符号组合使用，可说明同一类电气设备、元器件的不同编号。例如，电工电路中有三个相同类型的继电器，其文字符号分别标识为KA1、KA2、KA3。反过来说，在电工电路中，相同字母标识的器件为同一类器件，则字母后面的数字最大值表示该电路中该器件的总个数。

图1-3中，以字母FU作为文字标识的器件有三个，即FU1、FU2、FU3，分别表示该电路中的第1个熔断器、第2个熔断器、第3个熔断器，表明该电路中有三个熔断器；KM-1、KM-2中的基本文字符号均为KM，说明这两个器件与KM属于同一个器件，是KM中包含的两个部分，即交流接触器KM中的两个触点。

1.1.4 专用文字符号

在电工电路中，有些时候为了清楚地表示接线端子和特定导线的类型、颜色或用途，通常用专用文字符号表示。

1 表示接线端子和特定导线的专用文字符号

在电工电路图中，一些具有特殊用途的接线端子、导线等通常采用一些专用文字符号进行标识。

2 表示颜色的文字符号

由于大多数电工电路图等技术资料为黑白颜色，很多导线的颜色无法正确区分，因此在电工电路图上通常用文字符号表示导线的颜色，用于区分导线的功能。

除了上述几种基本的文字符号外，为了与国际接轨，近几年生产的大多数电气仪表中也都采用了大量的英文语句或单词，甚至是缩写等作为文字符号来表示仪表的类型、功能、量程和性能等。

通常，一些文字符号直接用于标识仪表的类型及名称，有些文字符号则表示仪表上的相关量程和用途等。

文档:专用符号标识

1.2 图形符号标识

当看到一张电气控制线路图时，其所包含的不同元器件、装置、线路及安装连接等并不是这些物理部件的实际外形，而是由每种物理部件对应的图样或简图进行体现的。通常把这种"图样"和"简图"称为图形符号。

图形符号是构成电气控制线路图的基本单元，就像一篇文章中的"词汇"。因此，要理解电气控制线路的原理，首先要正确地了解、熟悉和识别这些符号的形式、内容和含义，以及它们之间的相互关系。

1.2.1 | 电子元器件的图形符号

电子元器件是构成电工电路的基本电子器件，常用的电子元器件有很多种，且每种电子元器件都用其自己的图形符号进行标识。

图1-4为典型的光控照明电工实用电路。识读图中电子元器件的图形符号含义，可建立起与实物电子元器件的对应关系，这是学习识图的第一步。

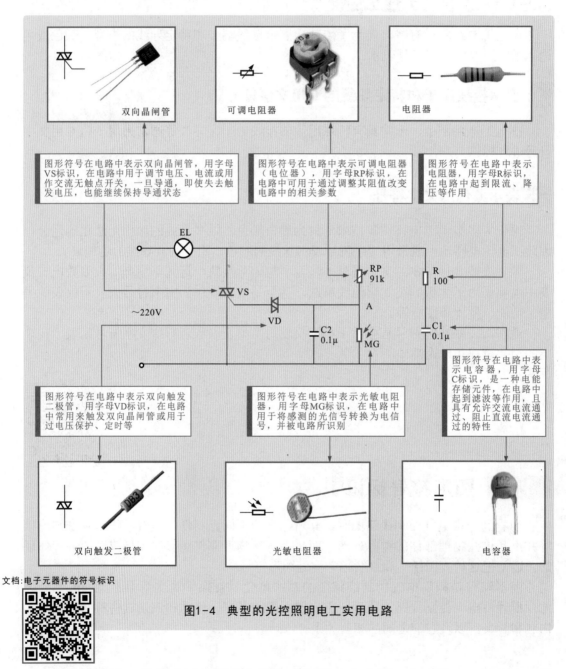

文档:电子元器件的符号标识

图1-4 典型的光控照明电工实用电路

电工电路中，常用电子元器件主要有电阻器、电容器、电感器、二极管、三极管、场效应晶体管和晶闸管等。

1.2.2 低压电气部件的图形符号

低压电气部件是指用于低压供配电线路中的部件，在电工电路中的应用十分广泛。低压电气部件的种类和功能不同，应根据其相应的图形符号识别。图1-5为电工电路中常用低压电气部件的图形符号。

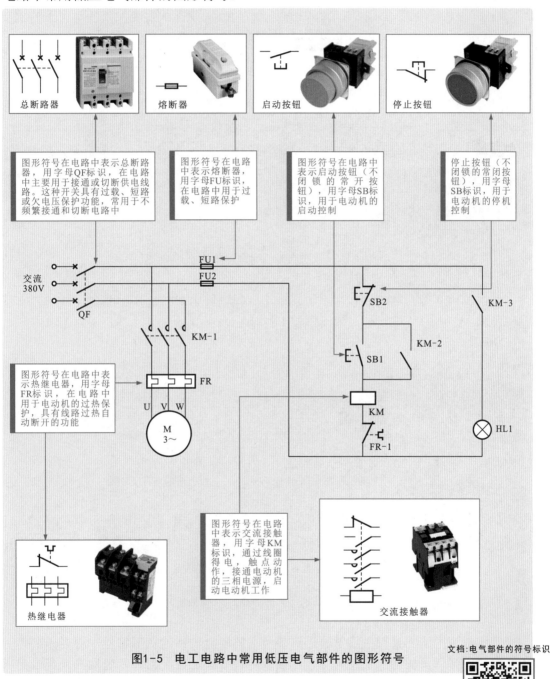

图1-5 电工电路中常用低压电气部件的图形符号

文档:电气部件的符号标识

电工电路中，常用的低压电气部件主要包括交直流接触器、各种继电器和低压开关等。

1.2.3 | 高压电气部件的图形符号

高压电气部件是指应用于高压供配电线路中的电气部件。在电工电路中，高压电气部件都用于电力供配电线路中，通常在电路图中也是由其相应的图形符号标识。图1-6为典型的高压配电线路图。

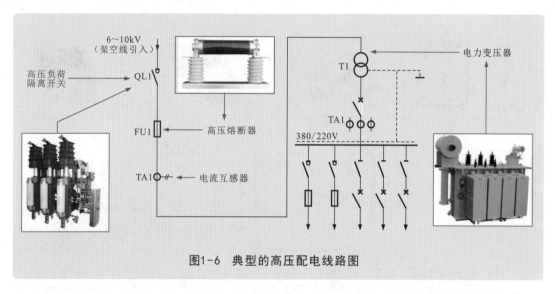

图1-6 典型的高压配电线路图

在电工电路中，常用的高压电气部件主要包括避雷器、高压熔断器（跌落式熔断器）、高压断路器、电力变压器、电流互感器、电压互感器等。其对应的图形符号如图1-7所示。

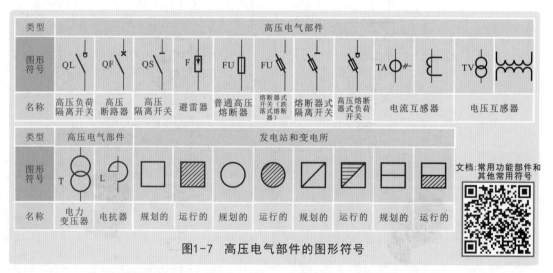

图1-7 高压电气部件的图形符号

识读电工电路的过程中常常会遇到各种各样功能部件的图形符号，用于标识其所代表的物理部件，如各种电声器件、灯控或电控开关、信号器件、电动机、普通变压器等。在学习识图的过程中，需要首先认识这些功能部件的图形符号，否则将无法理解电路。除此之外，在电工电路中还常常绘制具有专门含义的图形符号，认识这些图形符号对于快速和准确理解电路十分必要。

第2章

电工电路的基本结构

2.1 直流电路与交流电路

2.1.1 直流电路

直流电路是指电流流向不变的电路，是由直流电源、控制器件及负载（电阻、灯泡、电动机等）构成的闭合导电回路。图2-1为简单的直流电路。

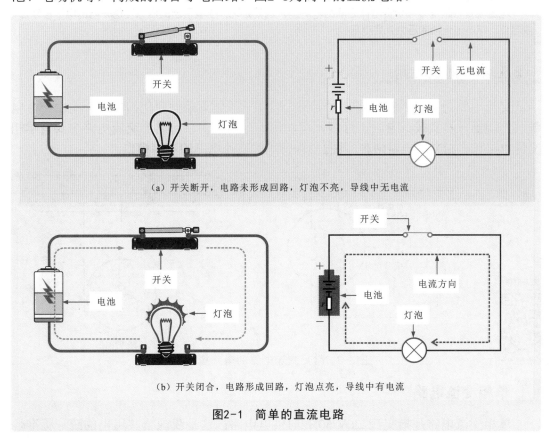

（a）开关断开，电路未形成回路，灯泡不亮，导线中无电流

（b）开关闭合，电路形成回路，灯泡点亮，导线中有电流

图2-1　简单的直流电路

补充说明

电路是将一个控制器件（开关）、一个电池和一个灯泡（负载）通过导线首、尾相连构成的简单直流电路。当开关闭合时，直流电流可以流通，灯泡点亮，此时灯泡处的电压与电池电压值相等；当开关断开时，电流被切断，灯泡熄灭。

在直流电路中，电流和电压是两个非常重要的基本参数，如图2-2所示。

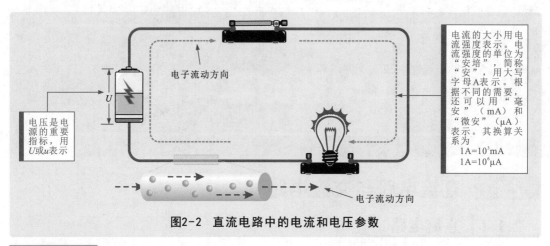

电压是电源的重要指标，用U或u表示

电子流动方向

U

电子流动方向

电流的大小用电流强度表示。电流强度的单位为"安培"，简称"安"，用大写字母A表示。根据不同的需要，还可以用"毫安"（mA）和"微安"（μA）表示。其换算关系为
$1A=10^3mA$
$1A=10^6\mu A$

图2-2 直流电路中的电流和电压参数

补充说明

电流是指在一个导体的两端加上电压，导体中的电子在电场作用下做定向运动形成的电子流。

电压就是带正电体与带负电体之间的电势差。也就是说，由电引起的压力使原子内的电子移动形成电流，该电流流动的压力就是电压。

2.1.2 交流电路

交流电路是指电压和电流的大小和方向随时间做周期性变化的电路，是由交流电源、控制器件和负载（电阻、灯泡、电动机等）构成的。常见的交流电路主要有单相交流电路和三相交流电路两种。图2-3为常见的交流电路的电路模型。

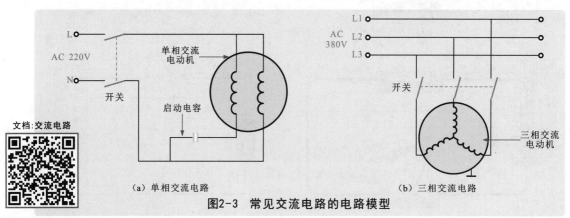

文档：交流电路

L
AC 220V
N
开关
单相交流电动机
启动电容
（a）单相交流电路

L1
AC 380V
L2
L3
开关
三相交流电动机
（b）三相交流电路

图2-3 常见交流电路的电路模型

1 单相交流电路

单相交流电路是指交流220V/50Hz的供电电路。这是我国公共用电的统一标准，交流220V电压是指火线（相线）对零线的电压，一般的家庭用电都是单相交流电路。

2 三相交流电路

三相交流电路主要有三相三线式、三相四线式和三相五线式三种。

2.2 电路的基本连接关系

电路的基本连接关系有三种形式，即串联方式、并联方式和混联方式。

2.2.1 串联方式

如果电路中两个或多个负载首尾相连，则连接状态是串联的，则称该电路为串联电路。图2-4为典型的电路串联关系。

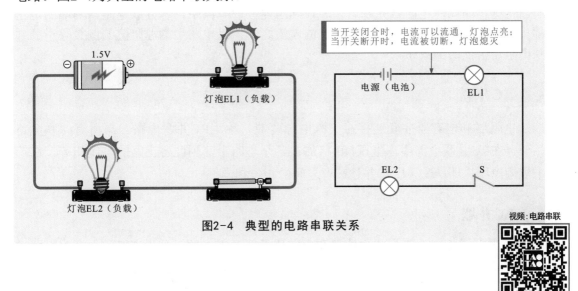

图2-4 典型的电路串联关系

视频：电路串联

2.2.2 并联方式

两个或两个以上负载的两端都与电源两端相连，则连接状态是并联的，称该电路为并联电路。图2-5为典型的电路并联关系。

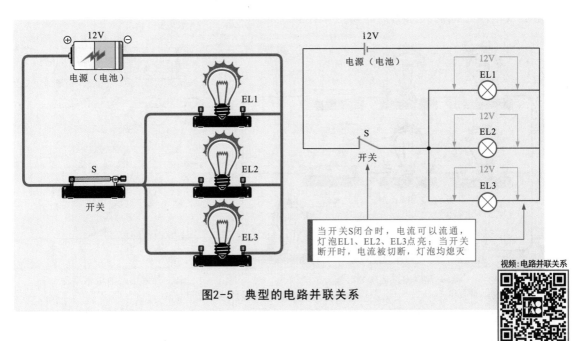

图2-5 典型的电路并联关系

视频：电路并联关系

補充说明

在并联的状态下，每个负载的工作电压都等于电源电压，不同支路中会有不同的电流通路。

当支路的某一点出现问题时，该支路将变成断路状态，照明灯会熄灭，但其他支路依然正常工作，不受影响。

1 电阻器并联

将两个或两个以上的电阻器按首首和尾尾方式连接起来，并接在电路的两点之间，这种电路叫作电阻器并联电路。在电阻器并联电路中，各并联电阻器两端的电压都相等，电路中的总电流等于各分支的电流之和，且电路中的总阻值的倒数等于各并联电阻器阻值的倒数和。

2 RC并联

电阻器和电容器并联连接在交流电源两端，称为RC并联电路。与所有并联电路相似，在RC并联电路中，电压U直接加在各个支路上，因此各支路的电压相等，都等于电源电压，即$U=U_R=U_C$，并且三者之间的相位相同。

3 LC并联

LC并联谐振电路是指将电感器和电容器并联后形成的，且为谐振状态（关系曲线具有相同的谐振点）的电路。

文档：并联电路

2.2.3 混联方式

将负载串联后再并联起来称为混联方式。图2-6为典型的电路混联关系。电流、电压及电阻之间的关系仍按欧姆定律计算。

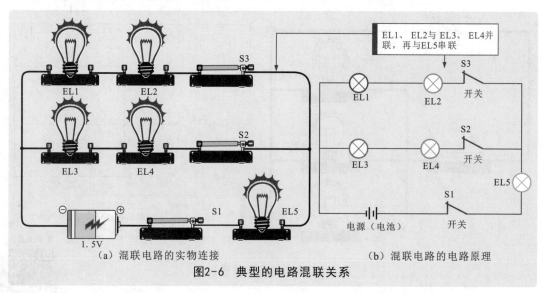

（a）混联电路的实物连接　　　　（b）混联电路的电路原理

图2-6 典型的电路混联关系

第3章

电路控制关系与识图方法

3.1 开关的电路控制关系

3.1.1 电源开关

电源开关在电工电路中主要用于接通用电设备的供电电源,实现电路的闭合与断开。图3-1为电源开关(三相断路器)的连接关系。

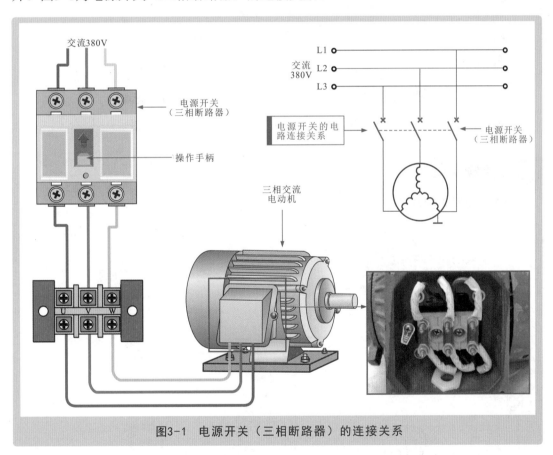

图3-1 电源开关(三相断路器)的连接关系

在电工电路中,电源开关有两种状态,即不动作(断开)时和动作(闭合)时。
当电源开关不动作时,内部触点处于断开状态,三相交流电动机不能启动。
在拨动电源开关后,内部触点处于闭合状态,三相交流电动机得电后启动运转。

3.1.2 | 按钮开关

按钮开关是电路中的关键控制部件，无论是不闭锁按钮开关还是闭锁按钮开关，根据电路需要都可以分为常开、常闭和复合三种形式。

视频：按钮开关的电路控制功能

1 不闭锁常开按钮开关

图3-2为不闭锁常开按钮开关在电工电路中的控制关系。

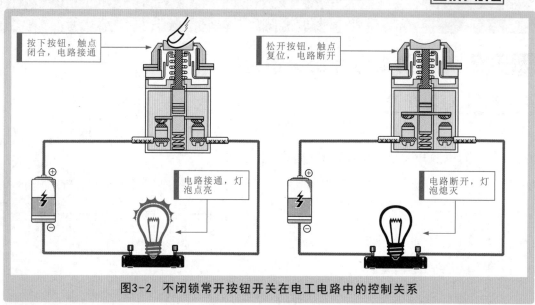

按下按钮，触点闭合，电路接通

松开按钮，触点复位，电路断开

电路接通，灯泡点亮

电路断开，灯泡熄灭

图3-2　不闭锁常开按钮开关在电工电路中的控制关系

2 不闭锁常闭按钮开关

图3-3为不闭锁常闭按钮开关在电工电路中的控制关系。

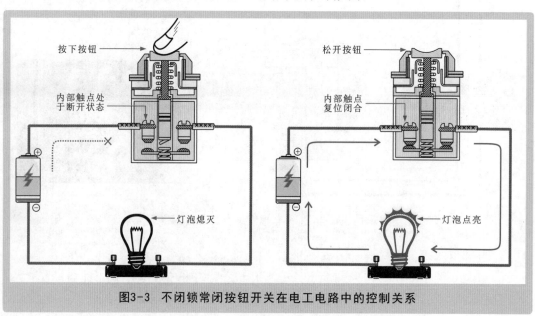

按下按钮

松开按钮

内部触点处于断开状态

内部触点复位闭合

灯泡熄灭

灯泡点亮

图3-3　不闭锁常闭按钮开关在电工电路中的控制关系

3 不闭锁复合按钮开关

不闭锁复合按钮开关是指内部设有两组触点，分别为常开触点和常闭触点。操作前，常闭触点闭合，常开触点断开。当手指按下按钮开关时，常闭触点断开，常开触点闭合；手指放松后，常闭触点复位闭合，常开触点复位断开。该按钮开关在电工电路中常用作启动联锁控制按钮开关。

图3-4为不闭锁复合按钮开关在电工电路中的连接关系。不闭锁复合按钮开关连接在电池与灯泡（负载）之间，分别控制灯泡EL1和灯泡EL2的点亮与熄灭。未按下按钮时，灯泡EL2处于点亮状态，灯泡EL1处于熄灭状态。

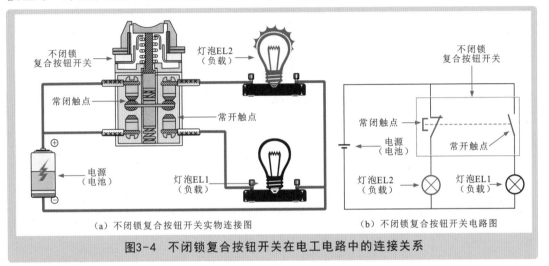

（a）不闭锁复合按钮开关实物连接图　　　（b）不闭锁复合按钮开关电路图

图3-4　不闭锁复合按钮开关在电工电路中的连接关系

不闭锁复合按钮开关在电工电路中的控制关系如图3-5所示。

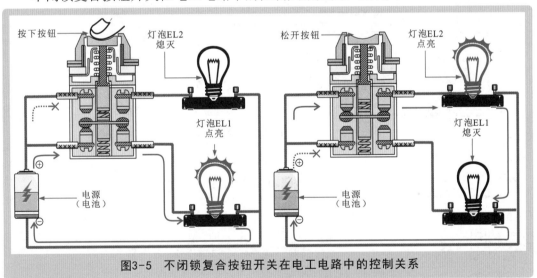

图3-5　不闭锁复合按钮开关在电工电路中的控制关系

按下按钮后，内部常开触点闭合，接通灯泡EL1的供电电源，灯泡EL1点亮；常闭触点断开，切断灯泡EL2的供电电源，灯泡EL2熄灭。

松开按钮后，内部常开触点复位断开，切断灯泡EL1的供电电源，灯泡EL1熄灭；常闭触点复位闭合，接通灯泡EL2的供电电源，灯泡EL2点亮。

3.2 继电器的电路控制功能

3.2.1 继电器常开触点

继电器是电工电路中常用的一种电气部件，主要是由铁芯、线圈、衔铁、触点等组成的。图3-6为典型继电器的内部结构。

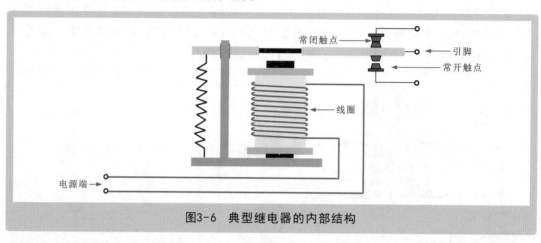

图3-6 典型继电器的内部结构

继电器常开触点的含义是继电器内部的动触点和静触点通常处于断开状态，当线圈得电时，动触点和静触点立即闭合，接通电路；当线圈失电时，动触点和静触点立即复位，切断电路。图3-7为继电器常开触点的连接关系。

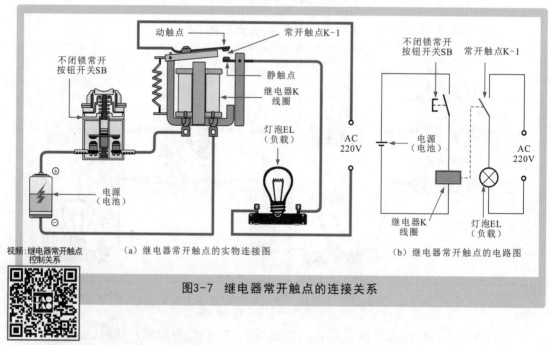

（a）继电器常开触点的实物连接图

（b）继电器常开触点的电路图

视频：继电器常开触点
控制关系

图3-7 继电器常开触点的连接关系

图3-7中，继电器K线圈连接在不闭锁常开按钮开关与电池之间，常开触点K-1连接在电池与灯泡EL（负载）之间，用于控制灯泡的点亮与熄灭，在未接通电路时，灯泡EL处于熄灭状态。

3.2.2 继电器常闭触点

继电器常闭触点是指继电器线圈断电时内部的动触点和静触点处于闭合状态，当线圈得电时，动触点和静触点立即断开，切断电路；当线圈失电时，动触点和静触点立即复位（闭合），接通电路。图3-8为继电器常闭触点在电工电路中的控制关系。

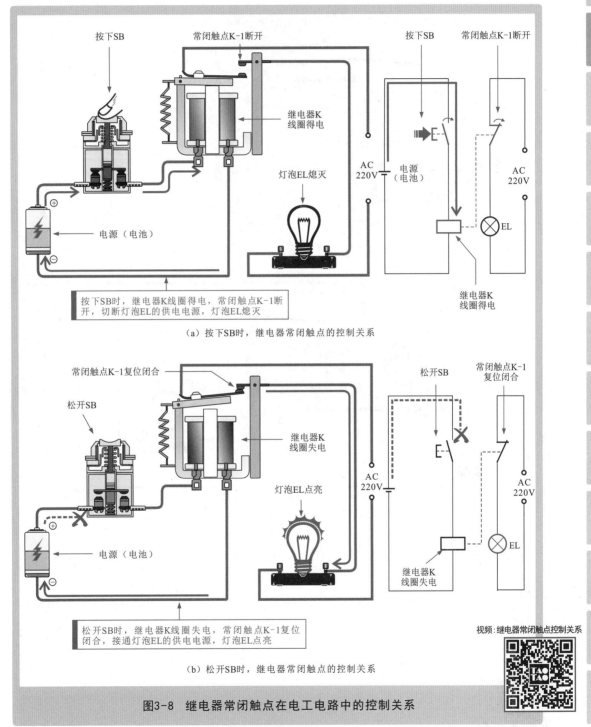

按下SB时，继电器K线圈得电，常闭触点K-1断开，切断灯泡EL的供电电源，灯泡EL熄灭

（a）按下SB时，继电器常闭触点的控制关系

松开SB时，继电器K线圈失电，常闭触点K-1复位闭合，接通灯泡EL的供电电源，灯泡EL点亮

（b）松开SB时，继电器常闭触点的控制关系

视频：继电器常闭触点控制关系

图3-8 继电器常闭触点在电工电路中的控制关系

15

3.2.3 | 继电器转换触点

继电器转换触点是指继电器内部设有一个动触点和两个静触点。其中，动触点与静触点1处于闭合状态，称为常闭触点；动触点与静触点2处于断开状态，称为常开触点。图3-9为继电器转换触点的结构。

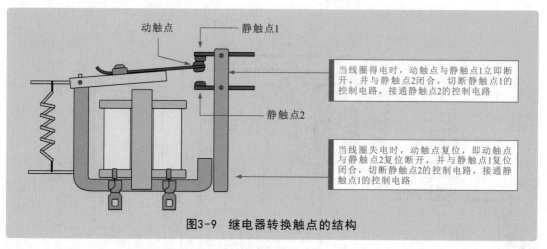

动触点　静触点1

当线圈得电时，动触点与静触点1立即断开，并与静触点2闭合，切断静触点1的控制电路，接通静触点2的控制电路

静触点2

当线圈失电时，动触点复位，即动触点与静触点2复位断开，并与静触点1复位闭合，切断静触点2的控制电路，接通静触点1的控制电路

图3-9　继电器转换触点的结构

图3-10为继电器转换触点的连接关系。

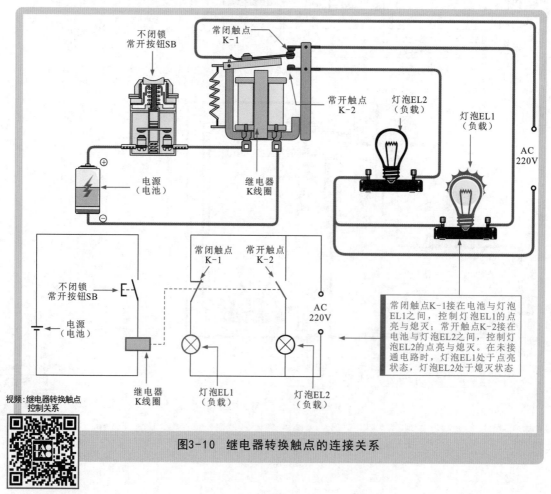

不闭锁
常开按钮SB

常闭触点
K-1

常开触点
K-2

灯泡EL2
（负载）

灯泡EL1
（负载）

AC
220V

电源
（电池）

继电器
K线圈

常闭触点
K-1

常开触点
K-2

不闭锁
常开按钮SB

电源
（电池）

AC
220V

继电器
K线圈

灯泡EL1
（负载）

灯泡EL2
（负载）

常闭触点K-1接在电池与灯泡EL1之间，控制灯泡EL1的点亮与熄灭；常开触点K-2接在电池与灯泡EL2之间，控制灯泡EL2的点亮与熄灭。在未接通电路时，灯泡EL1处于点亮状态，灯泡EL2处于熄灭状态

视频：继电器转换触点
控制关系

图3-10　继电器转换触点的连接关系

3.3 接触器的电路控制功能

3.3.1 直流接触器

直流接触器主要用于远距离接通与分断直流电路。在控制电路中，直流接触器由直流电源为线圈提供工作条件，从而控制触点动作。其电路控制关系如图3-11所示。

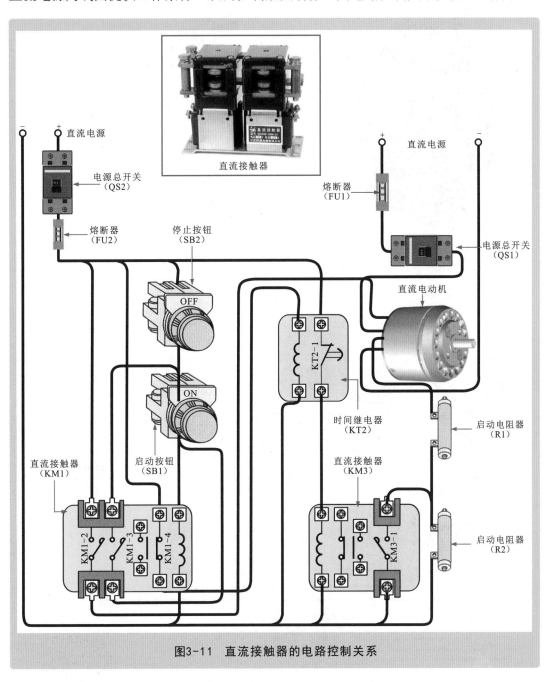

图3-11 直流接触器的电路控制关系

直流接触器是由直流电源驱动的，通过线圈得电控制常开触点闭合、常闭触点断开；当线圈失电时，控制常开触点复位断开、常闭触点复位闭合。

3.3.2 | 交流接触器

交流接触器是主要用于远距离接通与分断交流供电电路的器件。图3-12为交流接触器的内部结构。交流接触器的内部主要由常闭触点、常开触点、动触点、线圈及动铁芯、静铁芯、弹簧等部分构成。

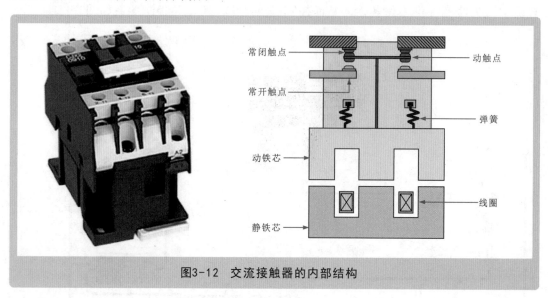

图3-12　交流接触器的内部结构

图3-13为交流接触器在电路中的连接关系。

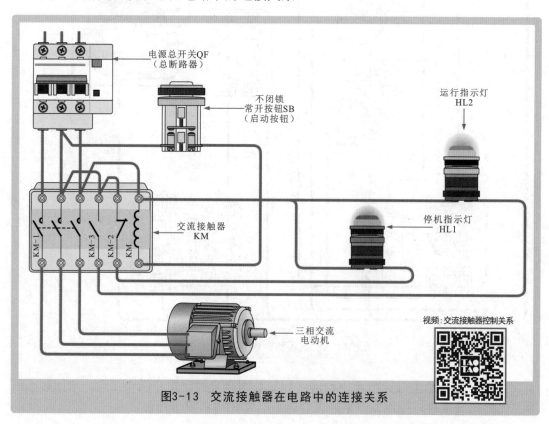

图3-13　交流接触器在电路中的连接关系

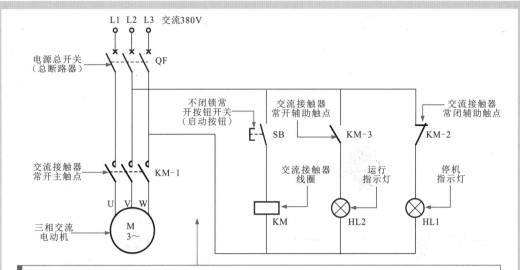

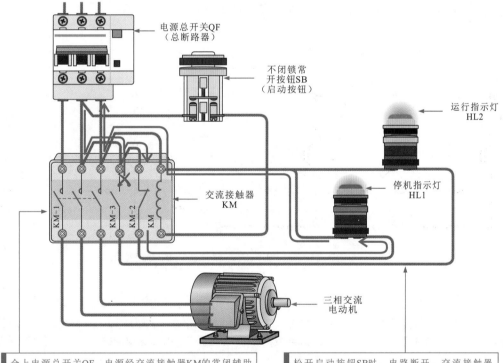

图3-14为交流接触器的电路控制关系。

交流接触器KM的线圈连接在不闭锁常开按钮开关SB（启动按钮）与电源总开关QF（总断路器）之间；常开主触点KM-1连接在电源总开关QF与三相交流电动机之间控制电动机的启动与停机；常闭辅助触点KM-2连接在电源总开关QF与停机指示灯HL1之间控制指示灯HL1的点亮与熄灭；常开辅助触点KM-3连接在电源总开关QF与运行指示灯HL2之间控制指示灯HL2的点亮与熄灭

合上电源总开关QF，电源经交流接触器KM的常闭辅助触点KM-2为停机指示灯HL1供电，HL1点亮。按下启动按钮SB时，电路接通，交流接触器KM的线圈得电，常开主触点KM-1闭合，三相交流电动机接通三相电源并启动运转；常闭辅助触点KM-2断开，切断停机指示灯HL1的供电电源，HL1熄灭；常开辅助触点KM-3闭合，运行指示灯HL2点亮，指示三相交流电动机工作状态

松开启动按钮SB时，电路断开，交流接触器KM的线圈失电，常开主触点KM-1复位断开，切断三相交流电动机的供电电源，电动机停止运转；常闭辅助触点KM-2复位闭合，停机指示灯HL1点亮，指示三相交流电动机处于停机状态；常开辅助触点KM-3复位断开，切断运行指示灯HL2的供电电源，HL2熄灭

图3-14 交流接触器的电路控制关系

3.4 传感器的电路控制功能

3.4.1 温度传感器

温度传感器是将物理量（温度信号）变成电信号的器件，是利用电阻值随温度变化而变化这一特性来测量温度变化的，主要用于各种需要对温度进行测量、监视、控制及补偿的场合，如图3-15所示。

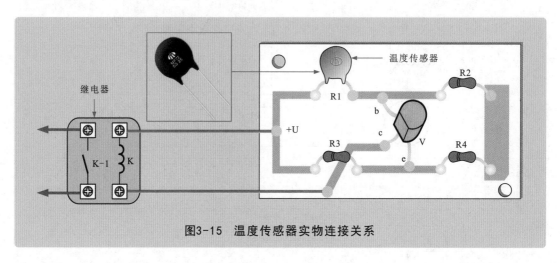

图3-15 温度传感器实物连接关系

图3-16为温度传感器在不同温度环境下的控制关系。

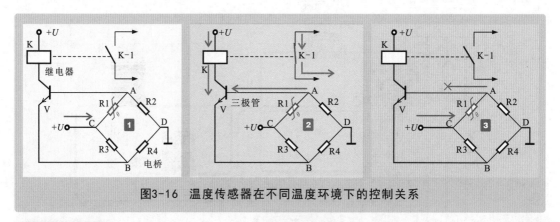

图3-16 温度传感器在不同温度环境下的控制关系

> **补充说明**
>
> 在正常环境温度下时，电桥的电阻值R1/R2=R3/R4，电桥平衡，此时A、B两点间电位相等，输出端A与B间没有电流流过，三极管V的基极b与发射极e间的电位差为0，三极管V截止，继电器K线圈不能得电。
>
> 当环境温度逐渐上升时，温度传感器R1的阻值不断减小，电桥失去平衡，此时A点电位逐渐升高，三极管V基极b的电压逐渐增大，当基极b电压高于发射极e电压时，V导通，继电器K线圈得电，常开触点K-1闭合，接通负载设备的供电电源，负载设备即可启动。
>
> 当环境温度逐渐下降时，温度传感器R1的阻值不断增大，此时A点电位逐渐降低，三极管V基极b的电压逐渐减小，当基极b电压低于发射极e电压时，V截止，继电器K线圈失电，对应的常开触点K-1复位断开，切断负载设备的供电电源，负载设备停止工作。

3.4.2 湿度传感器

湿度传感器是一种将湿度信号转换为电信号的器件，主要用于工业生产、天气预报、食品加工等行业中对各种湿度进行控制、测量和监视。图3-17为湿度传感器的电路连接关系。

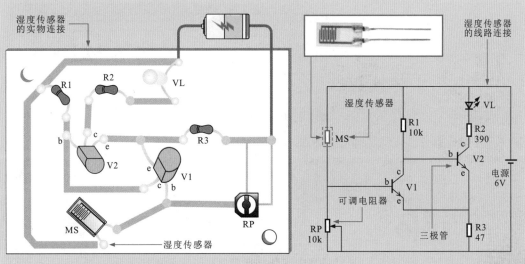

图3-17 湿度传感器的电路连接关系

视频:湿度传感器电路控制关系

图3-18为湿度传感器在不同湿度环境下的控制关系。

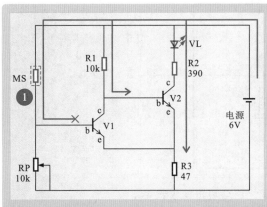
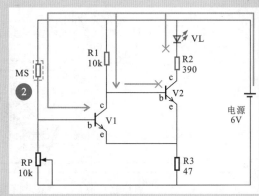

图3-18 湿度传感器在不同湿度环境下的控制关系

补充说明

❶ 当环境湿度较小时，湿度传感器MS的阻值较大，三极管V1的基极b为低电平，使基极b电压低于发射极e电压，三极管V1截止。此时，三极管V2基极b电压升高，基极b电压高于发射极e电压，三极管V2导通，发光二极管VL点亮。

❷ 当环境湿度增加时，湿度传感器MS的阻值逐渐变小，三极管V1的基极b电压逐渐升高，使基极b电压高于发射极e电压，三极管V1导通。此时，三极管V2基极b电压降低，三极管V2截止，发光二极管VL熄灭。

3.4.3 | 光电传感器

光电传感器是一种能够将可见光信号转换为电信号的器件，也称光电器件，主要用于光控开关、光控照明、光控报警等领域中对各种可见光进行控制。图3-19为光电传感器的实物外形及在电路中的连接关系。

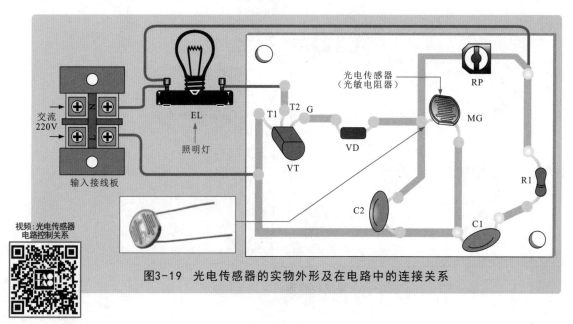

视频：光电传感器
电路控制关系

图3-19 光电传感器的实物外形及在电路中的连接关系

图3-20为光电传感器在不同光线环境下的控制关系。

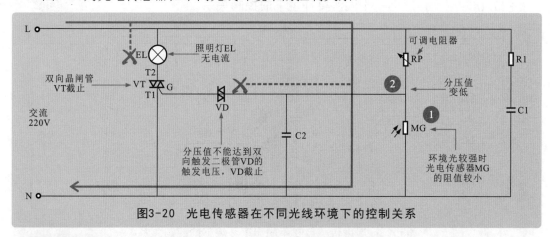

图3-20 光电传感器在不同光线环境下的控制关系

补充说明

❶ 当环境光较强时，光电传感器MG的阻值较小，可调电阻器RP与光电传感器MG处的分压值变低，不能达到双向触发二极管VD的触发电压，双向触发二极管VD截止，进而不能触发双向晶闸管，VT处于截止状态，照明灯EL不亮。

❷ 当环境光较弱时，光电传感器MG的阻值变大，可调电阻器RP与光电传感器MG处的分压值变高，随着光照强度的逐渐减弱，光电传感器MG的阻值逐渐变大，当可调电阻器RP与光电传感器MG处的分压值达到双向触发二极管VD的触发电压时，双向二极管VD导通，进而触发双向晶闸管VT也导通，照明灯EL点亮。

3.5 保护器的电路控制功能

3.5.1 熔断器

熔断器是一种保护电路的器件，只允许安全限制内的电流通过，当电路中的电流超过熔断器的额定电流时，熔断器会自动切断电路，对电路中的负载设备进行保护。图3-21为熔断器在电路中的连接关系。

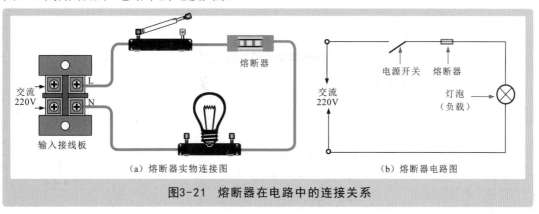

（a）熔断器实物连接图 （b）熔断器电路图

图3-21 熔断器在电路中的连接关系

图3-22为熔断器在电工电路中的控制关系。

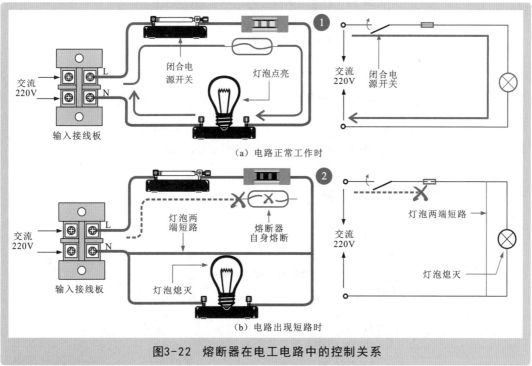

（a）电路正常工作时

（b）电路出现短路时

图3-22 熔断器在电工电路中的控制关系

📎 补充说明

❶闭合电源开关，接通灯泡电源，正常情况下，灯泡点亮，电路可以正常工作。

❷当灯泡之间由于某种原因而被导体连在一起时，电源被短路，电流由短路的路径通过，不再流过灯泡，此时回路中仅有很小的电源内阻，使电路中的电流变大，流过熔断器的电流也变大，熔断器会熔断，切断电路以进行保护。

3.5.2 漏电保护器

漏电保护器是一种具有漏电、触电、过载、短路保护功能的保护器件，对于防止触电伤亡事故及避免因漏电电流而引起的火灾事故具有明显的效果。图3-23为漏电保护器在电路中的连接关系。

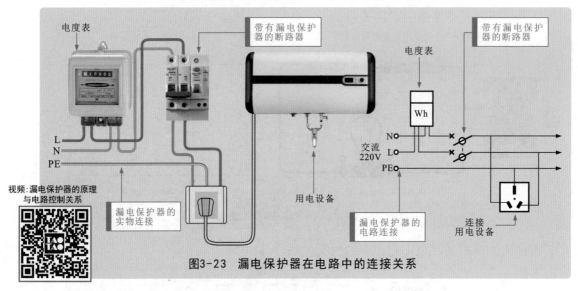

电度表

带有漏电保护器的断路器

带有漏电保护器的断路器

电度表

视频:漏电保护器的原理与电路控制关系

漏电保护器的实物连接

用电设备

漏电保护器的电路连接

连接用电设备

交流220V

图3-23 漏电保护器在电路中的连接关系

图3-24为漏电保护器在电路中的控制关系。

> **补充说明**
>
> 单相交流电经过电度表及漏电保护器后为用电设备供电，正常时，相线端L的电流与零线端N的电流相等，回路中剩余电流几乎为0。
>
> 当发生漏电或触电情况时，相线端L的一部分电流流过触电人身体到地，相线端L的电流大于零线端N的电流，回路中产生剩余的电流量，剩余的电流量驱动保护器，切断电路，进行保护。

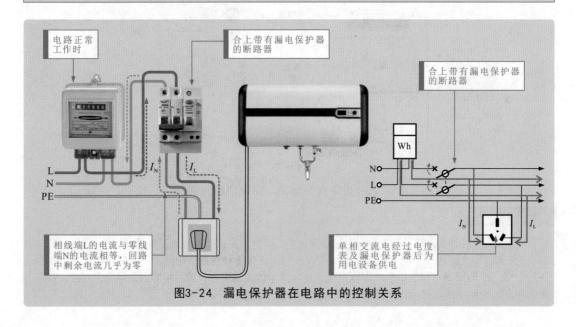

电路正常工作时

合上带有漏电保护器的断路器

合上带有漏电保护器的断路器

I_N

I_L

相线端L的电流与零线端N的电流相等，回路中剩余电流几乎为零

单相交流电经过电度表及漏电保护器后为用电设备供电

I_N

I_L

图3-24 漏电保护器在电路中的控制关系

3.5.3 | 过热保护器

过热保护器也称热继电器，是利用电流的热效应来推动动作机构使内部触点闭合或断开的，用于电动机的过载保护、断相保护、电流不平衡保护和热保护。过热保护器的实物外形和内部结构如图3-25所示。

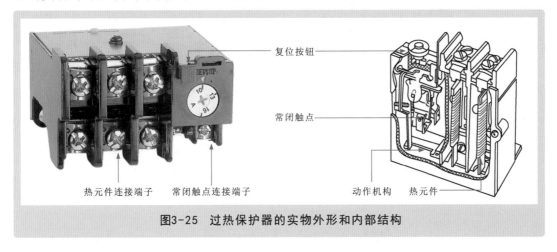

图3-25　过热保护器的实物外形和内部结构

过热保护器安装在主电路中，用于主电路的过载、断相、电流不平衡和三相交流电动机的热保护。图3-26为过热保护器的连接关系。

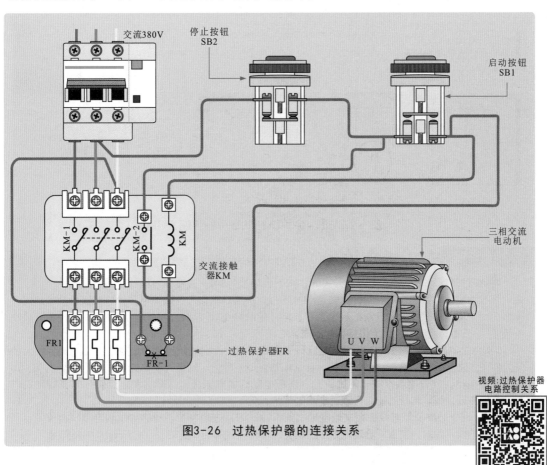

图3-26　过热保护器的连接关系

图3-27为过热保护器在电路中的控制应用。

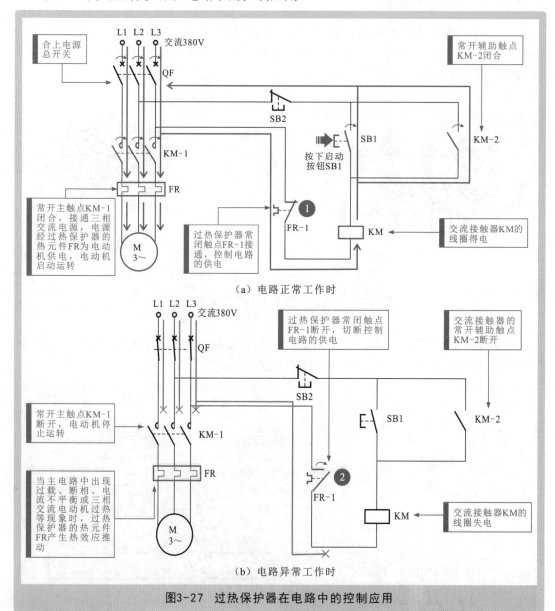

（a）电路正常工作时

（b）电路异常工作时

图3-27 过热保护器在电路中的控制应用

📖 补充说明

❶ 在正常情况下，合上电源总开关QF，按下启动按钮SB1，过热保护器的常闭触点FR-1接通，控制电路的供电，KM线圈得电，常开主触点KM-1闭合，接通三相交流电源，电源经过热保护器的热元件FR为三相交流电动机供电，电动机启动运转；常开辅助触点KM-2闭合，实现自锁功能，即使松开启动按钮SB1，三相交流电动机仍能保持运转状态。

❷ 当主电路中出现过载、断相、电流不平衡或三相交流电动机过热等现象时，由过热保护器的热元件FR产生的热效应来推动动作机构，使常闭触点FR-1断开，切断控制电路供电电源，交流接触器KM的线圈失电，常开主触点KM-1复位断开，切断电动机供电电源，电动机停止运转，常开辅助触点KM-2复位断开，解除自锁功能，实现对电路的保护。

待主电路中的电流正常或三相交流电动机逐渐冷却时，过热保护器FR的常闭触点FR-1复位闭合，再次接通电路，此时只需重新启动电路，三相交流电动机便可启动运转。

3.6 电工电路的基本控制关系

3.6.1 点动控制

在电气控制线路中，点动控制是指通过点动按钮实现受控设备的启、停控制，即按下点动按钮，受控设备得电启动；松开启动按钮，受控设备失电停止。

图3-28为典型点动控制电路，该电路由点动按钮SB1实现电动机的点动控制。

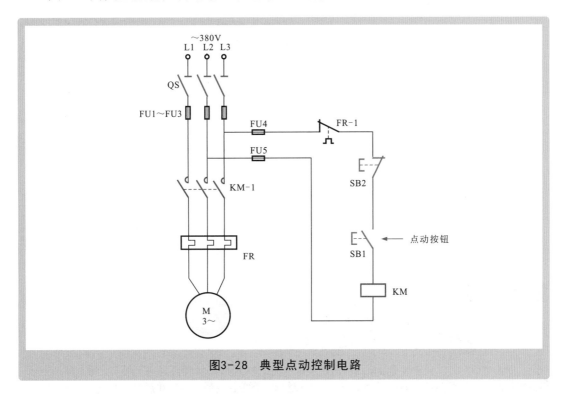

图3-28 典型点动控制电路

合上电源总开关QS为电路工作做好准备。

按下点动按钮SB1，交流接触器KM的线圈得电，常开主触点KM-1闭合，电动机启动运转。

松开点动按钮SB1，交流接触器KM的线圈失电，常开主触点KM-1复位断开，电动机停止运转。

3.6.2 自锁控制

在电动机控制电路中，按下启动按钮，电动机在交流接触器控制下得电工作；当松开启动按钮，电动机仍可以保持连续运转的状态。这种控制方式被称为自锁控制。

自锁控制方式常将启动按钮与交流接触器常开辅助触点并联，如图3-29所示。这样，在交流接触器的线圈得电后，通过自身的常开辅助触点保持回路一直处于接通状态（即状态保持）。这样，即使松开启动控制按钮，交流接触器也不会失电断开，电动机仍可保持运转状态。

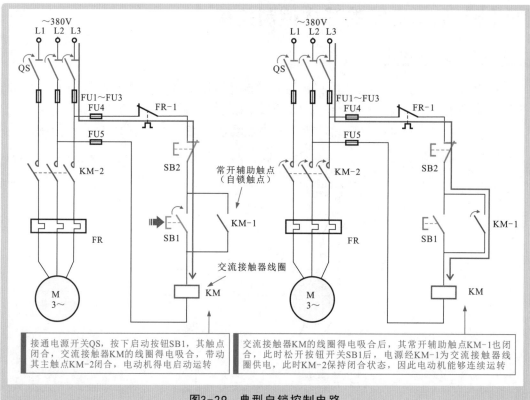

接通电源开关QS，按下启动按钮SB1，其触点闭合，交流接触器KM的线圈得电吸合，带动其主触点KM-2闭合，电动机得电启动运转

交流接触器KM的线圈得电吸合后，其常开辅助触点KM-1也闭合，此时松开按钮开关SB1后，电源经KM-1为交流接触器线圈供电，此时KM-2保持闭合状态，因此电动机能够连续运转

图3-29　典型自锁控制电路

补充说明

自锁控制电路还具有欠电压和失压（零压）保护功能。

● 欠电压保护功能

当电气控制线路中的电源电压由于某种原因下降时，电动机的转矩将明显降低，此时也会影响电动机的正常运行，严重还会导致电动机出现堵转情况，进而损坏电动机。在采用自锁控制的电路中，当电源电压低于交流接触器线圈额定电压的85%时，交流接触器的电磁系统所产生的电磁力无法克服弹簧的反作用力，衔铁释放，主触点将断开复位，自动切断主电路，实现欠电压保护。

值得注意的是，电动机控制线路多为三相供电，交流接触器连接在其中一相中，只有其所连接相出现欠电压情况，才可实现保护功能。若电源欠电压出现在未接交流接触器的相线中，则无法实现欠电压保护。

● 失压（零压）保护功能

采用自锁控制后，当由外界原因导致突然断电后又重新供电时，由于自锁触头因断电而断开，控制电路不会自行接通，可避免事故的发生，起到失压（零压）保护作用。

3.6.3 | 互锁控制

互锁控制是为保证电气安全运行而设置的控制电路，也称为联锁控制。在电气控制线路中，常见的互锁控制主要有按钮互锁和接触器（继电器）互锁两种形式。

1 按钮互锁控制

按钮互锁控制是指由按钮实现互锁控制，即当一个按钮按下接通一个线路的同时，必须断开另外一个线路。

图3-30为由复合按钮开关实现的按钮互锁控制电路。

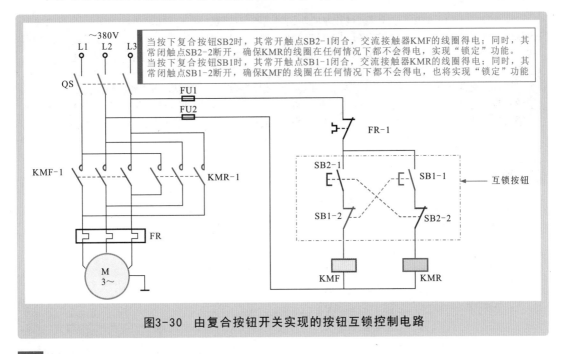

当按下复合按钮SB2时，其常开触点SB2-1闭合，交流接触器KMF的线圈得电；同时，其常闭触点SB2-2断开，确保KMR的线圈在任何情况下都不会得电，实现"锁定"功能。
当按下复合按钮SB1时，其常开触点SB1-1闭合，交流接触器KMR的线圈得电；同时，其常闭触点SB1-2断开，确保KMF的线圈在任何情况下都不会得电，也将实现"锁定"功能。

图3-30　由复合按钮开关实现的按钮互锁控制电路

2 接触器（继电器）互锁控制

接触器（继电器）互锁控制是指两个接触器（继电器）通过自身的常闭辅助触点相互制约对方的线圈不能同时得电动作。图3-31为典型接触器（继电器）互锁控制电路。接触器（继电器）互锁控制通常由其常闭辅助触点实现。

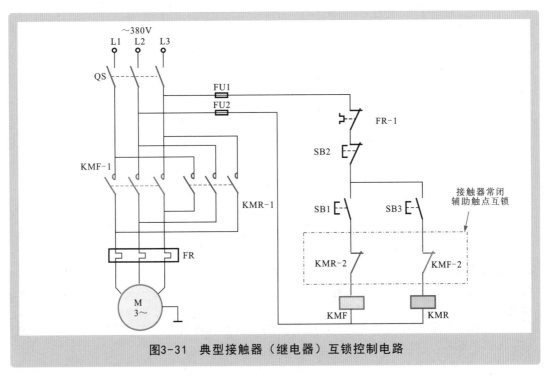

图3-31　典型接触器（继电器）互锁控制电路

📖 **补充说明**

图3-31所示的电路中，交流接触器KMF的常闭辅助触点串接在交流接触器KMR线路中。当电路接通电源，按下启动按钮SB1时，交流接触器KMF的线圈得电，其主触点KMF-1得电，电动机启动正向运转；同时，KMF的常闭辅助触点KMF-2断开，确保交流接触器KMR的线圈不会得电。由此，可有效避免因误操作而使两个交流接触器同时得电，出现电源两相短路事故。

同样，交流接触器KMR的常闭辅助触点串接在交流接触器KMF线路中。当电路接通电源，按下启动按钮SB3时，交流接触器KMR的线圈得电，其主触点KMR-1得电，电动机启动反向运转；同时，KMR的常闭辅助触点KMR-2断开，确保交流接触器KMF的线圈不会得电。由此，实现交流接触器的互锁控制。

3 **顺序控制**

在电气控制线路中，顺序控制是指受控设备在电路的作用下按一定的先后顺序一个接一个地顺序启动，一个接一个地顺序停止或全部停止。图3-32为电动机的顺序启动和反顺序停机控制电路。

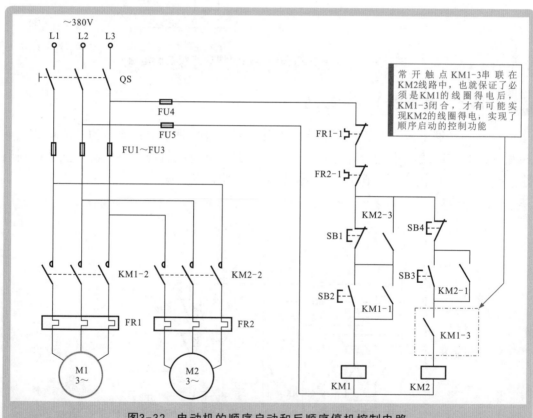

图3-32　电动机的顺序启动和反顺序停机控制电路

📖 **补充说明**

顺序控制电路的特点：若电路需要实现A接触器工作后才允许B接触器工作，则在B接触器的线圈电路中串入A接触器的动合触点。

若电路需要实现B接触器的线圈断电后方可允许A接触器的线圈断电，则应将B接触器的动合触点并联在A接触器的停止按钮两端。

第4章

线缆的加工、连接与布线

4.1 线缆加工

4.1.1 塑料硬导线

对塑料硬导线通常使用钢丝钳、剥线钳、斜口钳及电工刀等工具进行剥线加工。

1 使用钢丝钳剥线加工塑料硬导线

图4-1为使用钢丝钳剥线加工塑料硬导线的方法。使用钢丝钳剥线加工塑料硬导线是在电工操作中常使用的一种简单快捷的操作方法。

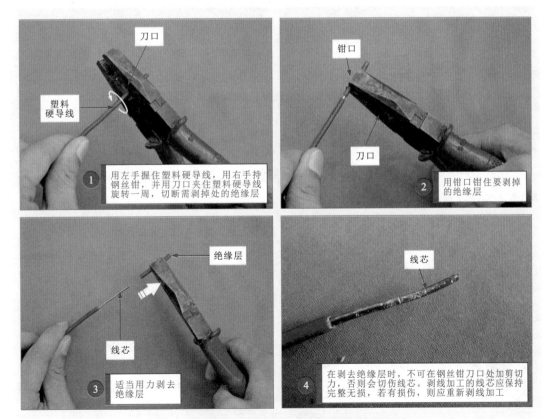

图4-1 使用钢丝钳剥线加工塑料硬导线的方法

2 使用剥线钳剥线加工塑料硬导线

图4-2为使用剥线钳剥线加工塑料硬导线的方法。一般适用于剥线加工横截面面积小于4mm²的塑料硬导线。

视频:剥线钳剥削
塑料硬导线

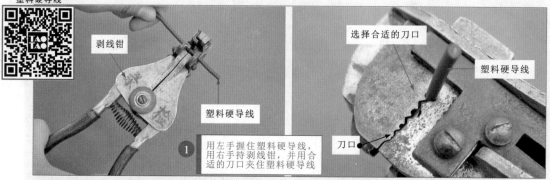
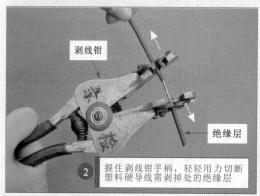
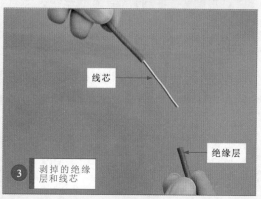

图4-2 使用剥线钳剥线加工塑料硬导线的方法

3 使用电工刀剥线加工塑料硬导线

图4-3为使用电工刀剥线加工塑料硬导线的方法。一般横截面面积大于4mm²的塑料硬导线可以使用电工刀剥线加工。

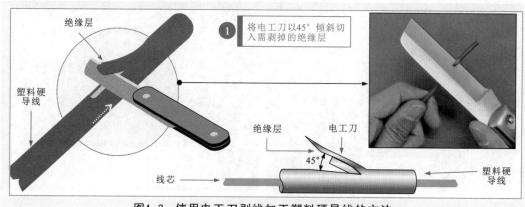

图4-3 使用电工刀剥线加工塑料硬导线的方法

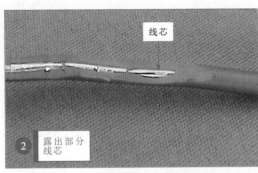

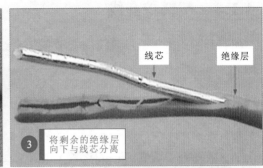

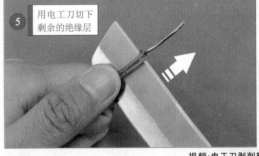

图4-3（续）

视频:电工刀剥削塑料硬导线

4.1.2 塑料软导线

塑料软导线的线芯多是由多股铜（铝）丝组成的，不适宜用电工刀剥线加工，在实际操作中，多使用剥线钳和斜口钳剥线加工。图4-4为使用剥线钳剥线加工塑料软导线的方法。

图4-4 使用剥线钳剥线加工塑料软导线的方法

第1章
第2章
第3章
第4章
第5章
第6章
第7章
第8章
第9章
第10章
第11章
第12章
第13章
第14章

4.1.3 | 塑料护套线

图4-5为使用电工刀剥线加工塑料护套线的方法。

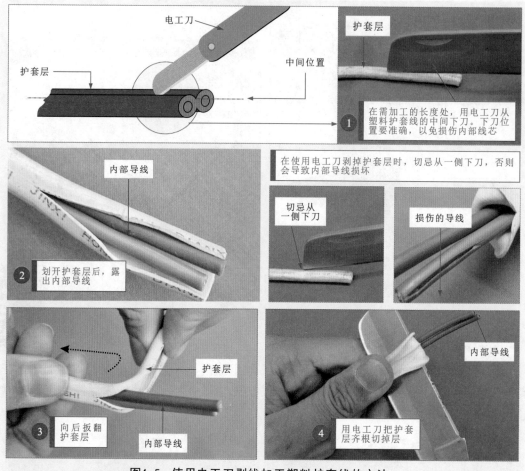

图4-5　使用电工刀剥线加工塑料护套线的方法

4.2　线缆连接

4.2.1 | 缠绕连接

线缆的缠绕连接包括单股导线缠绕式对接、单股导线缠绕式T形连接、两根多股导线缠绕式对接、两根多股导线缠绕式T形连接。

视频:单股导线缠绕式对接

1 单股导线缠绕式对接

当连接两根较粗的单股导线时，通常选择缠绕式对接方法。

2 单股导线缠绕式T形连接

缠绕式T形连接常用于一根支路单股导线和一根主路单股导线连接。

文档:单股导线缠绕式T形连接

3 两根多股导线缠绕式对接

当连接两根多股导线时，可采用缠绕式对接的方法。

4 两根多股导线缠绕式T形连接

当一根支路多股导线与一根主路多股导线连接时，通常采用缠绕式T形连接的方法。

4.2.2 绞接

当两根横截面面积较小的单股导线连接时，通常采用绞接。

4.2.3 扭接

扭绞连接是将待连接的导线线芯平行同向放置后，将线芯同时互相缠绕。

4.2.4 绕接

绕接也称并头连接，一般适用于三根导线的连接，将第三根导线的线芯绕接在另外两根导线的线芯上。

4.2.5 线夹连接

在电工操作中，常用线夹连接硬导线（见图4-6），操作简单，牢固可靠。

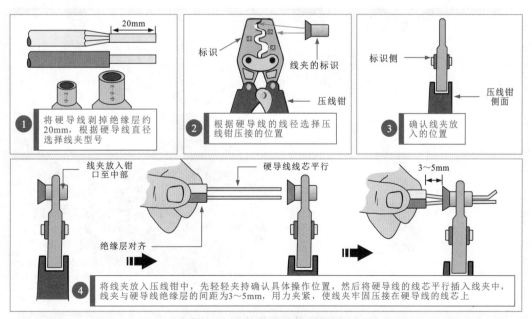

图4-6 线缆的线夹连接操作

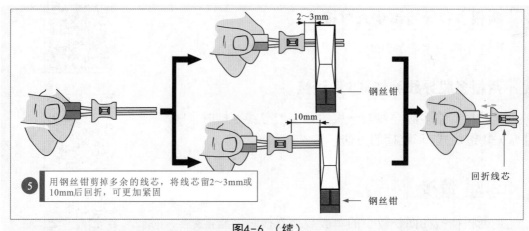

⑤ 用钢丝钳剪掉多余的线芯，将线芯留2～3mm或10mm后回折，可更加紧固

2～3mm

钢丝钳

10mm

钢丝钳

回折线芯

图4-6 （续）

4.3 线缆连接头加工

4.3.1 塑料硬导线环形连接头加工

图4-7为塑料硬导线环形连接头的加工方法。当塑料硬导线需要平接时，就需要将塑料硬导线的线芯加工为大小合适的环形连接头（连接环）。

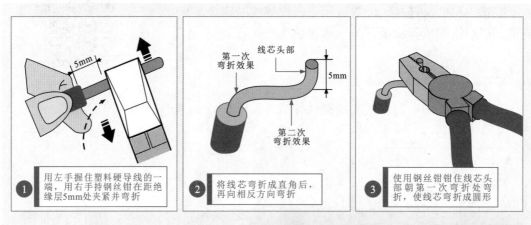

① 用左手握住塑料硬导线的一端，用右手持钢丝钳在距绝缘层5mm处夹紧并弯折

5mm

② 将线芯弯折成直角后，再向相反方向弯折

第一次弯折效果

线芯头部

5mm

第二次弯折效果

③ 使用钢丝钳钳住线芯头部朝第一次弯折处弯折，使线芯弯折成圆形

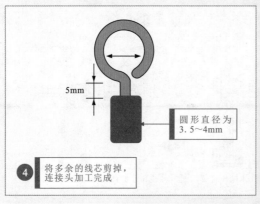

④ 将多余的线芯剪掉，连接头加工完成

5mm

圆形直径为3.5～4mm

⑤ 将连接头与电气设备的接线端子连接，用固定螺钉压紧

固定螺钉

连接头

接线端子

图4-7 塑料硬导线环形连接头的加工方法

4.3.2 │ 塑料软导线绞绕式连接头加工

绞绕式连接头的加工是用一只手握住线缆的绝缘层处，用另一只手向一个方向捻线芯，使线芯紧固整齐。图4-8为塑料软导线绞绕式连接头的加工方法。

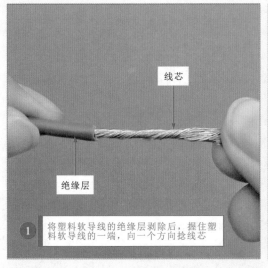
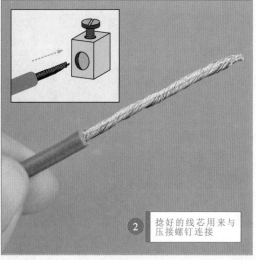

图4-8 塑料软导线绞绕式连接头的加工方法

4.3.3 │ 塑料软导线缠绕式连接头加工

缠绕式连接头的加工是将塑料软导线的线芯插入连接孔时，由于线芯过细，无法插入，所以需要在绞绕的基础上，将其中一根线芯沿一个方向由绝缘层处开始缠绕。图4-9为塑料软导线缠绕式连接头的加工方法。

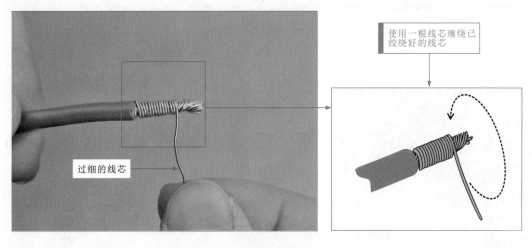

图4-9 塑料软导线缠绕式连接头的加工方法

4.3.4 | 塑料软导线环形连接头加工

若要将塑料软导线的线芯加工为环形，则首先将离绝缘层根部1/2处的线芯绞绕，然后弯折，并将弯折的线芯与塑料软导线并紧，再将弯折线芯的1/3拉起，环绕其余的线芯和塑料软导线。图4-10为塑料软导线环形连接头的加工方法。

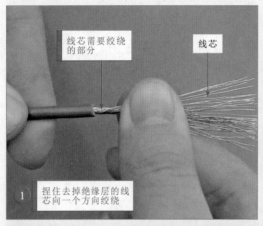

线芯需要绞绕的部分

线芯

① 捏住去掉绝缘层的线芯向一个方向绞绕

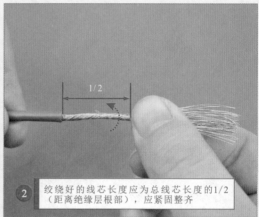

1/2

② 绞绕好的线芯长度应为总线芯长度的1/2（距离绝缘层根部），应紧固整齐

2/3

③ 将绞绕好的线芯弯折为环形

④ 将1/3长度的线芯弯曲成圆形

⑤ 将并紧线芯的1/3拉起

⑥ 按顺时针方向缠绕2圈

⑦ 剪掉多余的线芯，完成环形连接头的加工

视频:塑料软导线环形连接头的加工

图4-10 塑料软导线环形连接头的加工方法

4.4 线缆布线

4.4.1 线缆明敷

线缆的明敷是将穿好线缆的线槽按照敷设标准安装在室内墙体表面。这种敷设操作一般是在土建抹灰后或房子装修完成后，需要增设线缆或更改线缆或维修线缆（替换暗敷线缆）时采用的一种敷设方式。

线缆的明敷操作相对简单，对线缆的走向、线槽的间距、高度和线槽固定点的间距都有一定的要求，如图4-11所示。

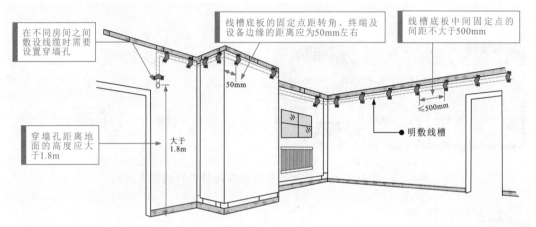

图4-11　线缆的明敷操作要求

明敷操作包括定位画线、选择线槽和附件、加工塑料线槽、钻孔安装固定塑料线槽、敷设线缆等环节。

1　定位画线

定位画线是根据室内线缆布线图或根据增设线缆的实际需求规划好布线的位置，并借助笔和尺子画出线缆走线的路径及开关、灯具、插座的固定点，固定点用"×"标识。图4-12为定位画线示意图。

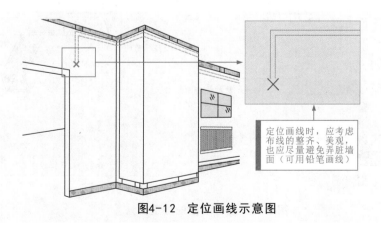

图4-12　定位画线示意图

2 选择线槽和附件

当室内线缆采用明敷时，应借助线槽和附件实现走线，起到固定和防护的作用，并确保整体布线美观。目前，家装明敷采用的线槽多为PVC塑料线槽。选配时，应根据规划线缆的路径选择相应长度、宽度的线槽，并选配相关的附件，如角弯、分支三通、阳转角、阴转角和终端头等。附件的类型和数量应根据实际敷设时的需求选用，如 图4-13所示。

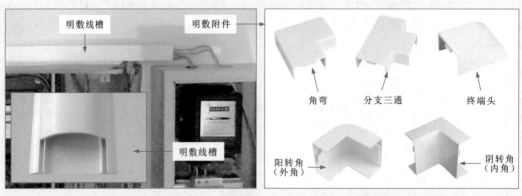

（a）确定敷设方式 （b）选择附件类型

图4-13 附件的类型和数量应根据实际敷设时的需求选用

3 加工塑料线槽

塑料线槽选择好后，需要根据定位画线的位置进行裁切，并对连接处、转角、分路等位置进行加工，如图4-14所示。

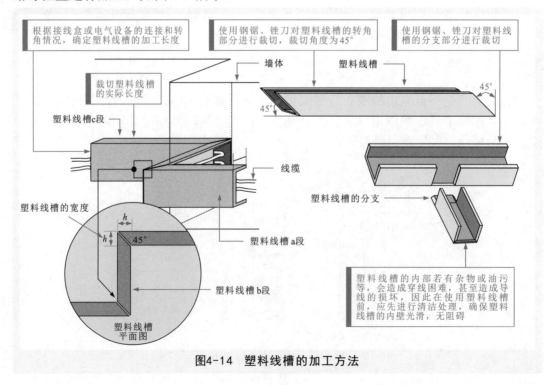

图4-14 塑料线槽的加工方法

4 钻孔安装固定塑料线槽

塑料线槽加工完成后，将其放到画线的位置，借助电钻在固定位置钻孔，并在钻孔处安装固定螺钉将其固定，如图4-15所示。

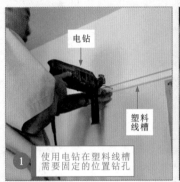
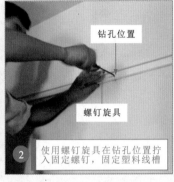
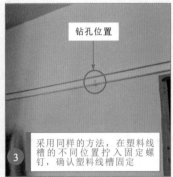

图4-15　塑料线槽的安装固定

根据规划路径，沿定位画线将塑料线槽逐段固定在墙壁上，如图4-16所示。

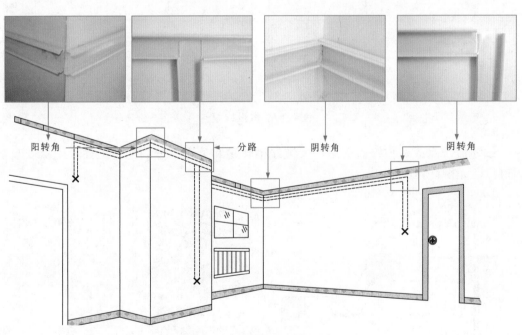

图4-16　塑料线槽的固定效果

5 敷设线缆

塑料线槽固定完成后，将线缆沿塑料线槽内壁逐段敷设，在敷设完成的位置扣好盖板，如图4-17所示。

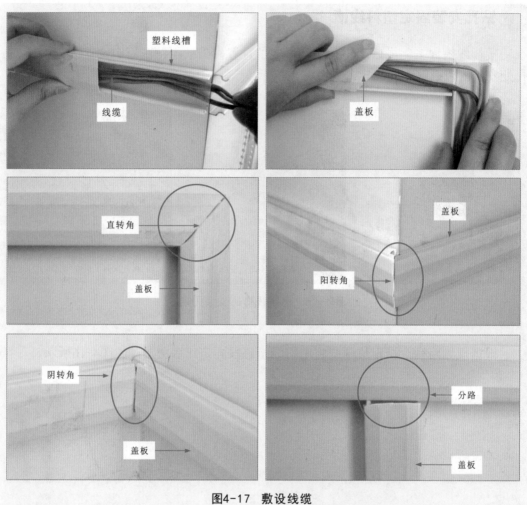

图4-17 敷设线缆

线缆敷设完成，扣好盖板后，安装线槽转角和分支部分的配套附件，确保安装牢固可靠，如图4-18所示。

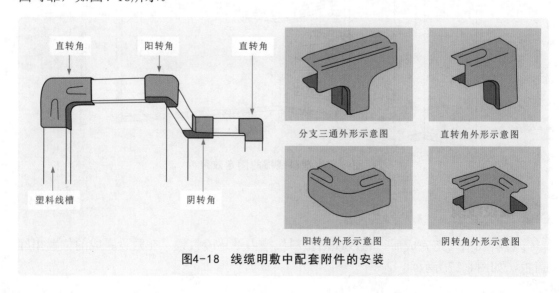

图4-18 线缆明敷中配套附件的安装

4.4.2 线缆暗敷

室内线缆的暗敷是将室内线缆埋设在墙内、顶棚内或地板下的敷设方式，也是目前普遍采用的一种敷设方式。线缆暗敷通常在土建抹灰之前进行操作。

1 定位画线

定位画线是根据室内线路的布线图或施工图规划好布线的位置，确定线缆的敷设路径及电气设备的安装位置。图4-19为典型暗敷操作时定位画线的示意图。

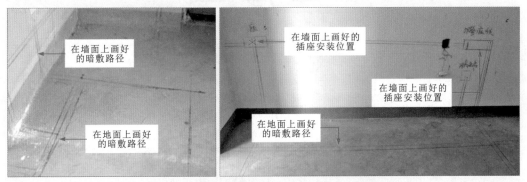

图4-19 典型暗敷操作时定位画线的示意图

2 选择线管和附件

暗敷时，管材的选配应根据施工图要求确定线管的长度、所需配套附件的类型和数量等。不同规格导线与线管可穿入根数要符合施工要求。

3 开槽

开槽是室内暗敷的重要环节，一般可借助切割机、锤子及冲击钻等在画好的敷设路径上进行操作。

文档:导线穿管

4 线管加工与穿线

开槽完成后，根据开槽的位置、长度等对线管进行清洁、裁切及弯曲等操作以适应暗敷布线需要。然后，将线管和接线盒敷设在开凿好的暗敷槽中，并使用固定件固定。图4-20为线管与接线盒的敷设效果。

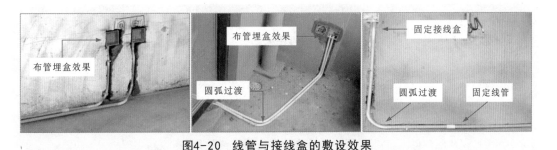

图4-20 线管与接线盒的敷设效果

图4-21为暗敷穿线操作。穿线是暗敷最关键的步骤之一，必须在暗敷线管完成后进行。实施穿线操作可借助穿管弹簧、钢丝等将线缆从线管的一端引至接线盒中。

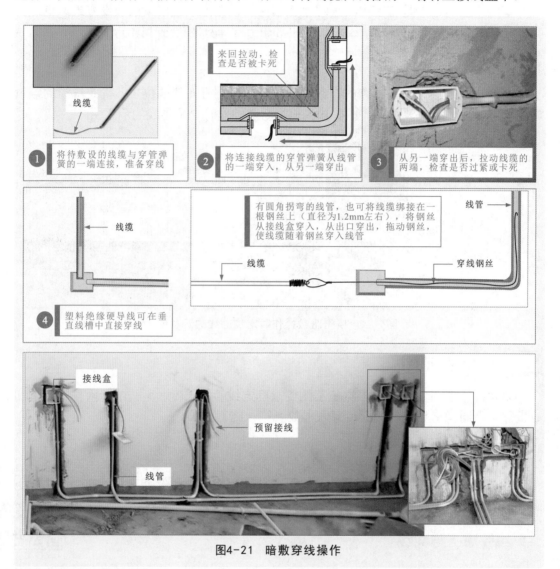

图4-21　暗敷穿线操作

如图4-22所示，在验证线管布置无误且线缆可自由拉动后，将凿开的墙孔和开槽抹灰恢复即可。

图4-22　暗敷布线的最终效果

第5章
电工电路常用部件安装与接线

文档:交流接触器

5.1 控制及保护器件的安装与接线

5.1.1 交流接触器

　　交流接触器也称电磁开关，一般安装在电动机、电热设备、电焊机等控制线路中，是电工行业中使用最广泛的控制器件之一。在安装前，首先要了解交流接触器的安装形式，然后进行具体的安装操作，如图5-1所示。

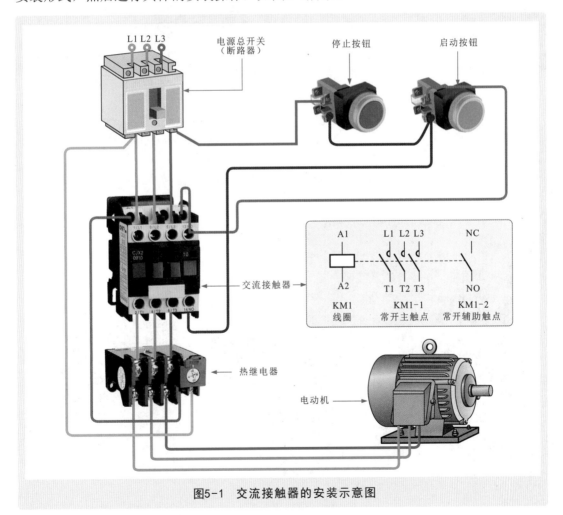

图5-1　交流接触器的安装示意图

5.1.2 | 热继电器

热继电器是用于电气设备、电工线路的过载保护的保护器件。在安装热继电器之前，首先要了解热继电器的安装形式，然后进行具体的安装操作，如图5-2所示。

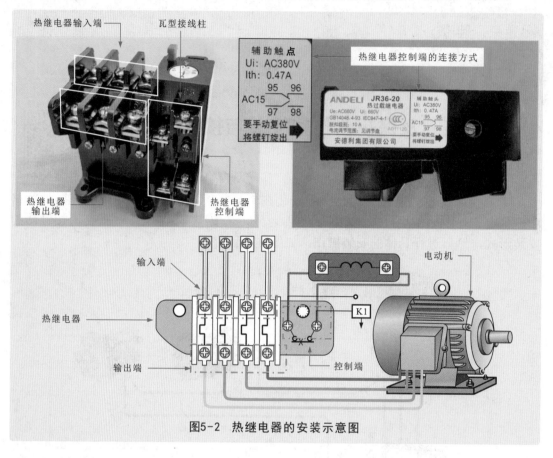

图5-2　热继电器的安装示意图

在了解了热继电器的安装形式后，便可以动手安装了。热继电器的安装全过程如图5-3所示。

图5-3　热继电器的安装全过程

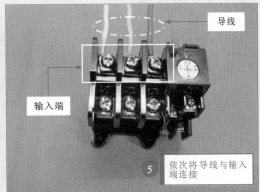

导线（黄色）

螺钉旋具

④ 使用螺钉旋具将导线与输入端连接

导线

输入端

⑤ 依次将导线与输入端连接

螺钉旋具

⑥ 使用螺钉旋具将导线与输出端连接

⑦ 依次将导线与输出端连接

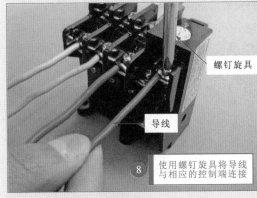

螺钉旋具

导线

⑧ 使用螺钉旋具将导线与相应的控制端连接

⑨ 依次将导线与控制端连接

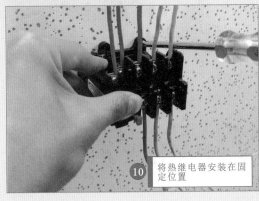

⑩ 将热继电器安装在固定位置

⑪ 使用固定螺钉将热继电器固定

图5-3（续）

第1章 第2章 第3章 第4章 第5章 第6章 第7章 第8章 第9章 第10章 第11章 第12章 第13章 第14章

5.1.3 熔断器

熔断器是电工线路或电气系统用于短路及过载保护的器件。在安装熔断器之前，首先要了解熔断器的安装形式，然后进行具体的安装操作，如图5-4所示。

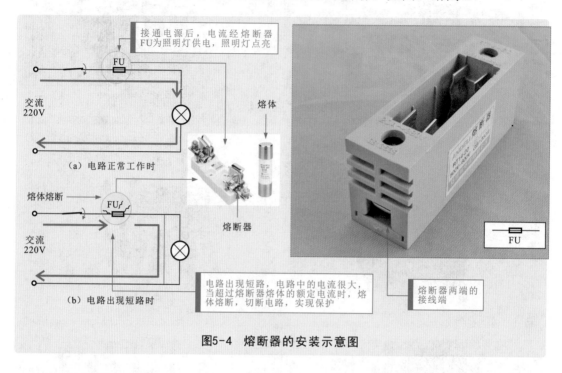

图5-4 熔断器的安装示意图

在了解了熔断器的安装形式后，便可以动手安装了。下面以典型电工线路中常用的熔断器为例，演示熔断器在电工线路中安装和接线的全过程，如图5-5所示。

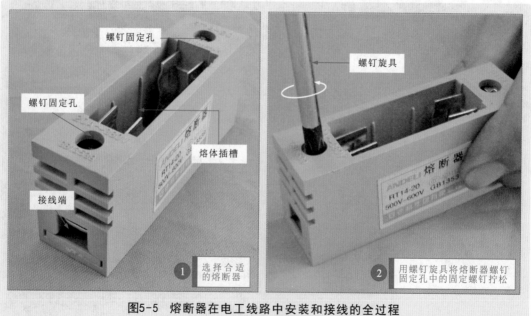

图5-5 熔断器在电工线路中安装和接线的全过程

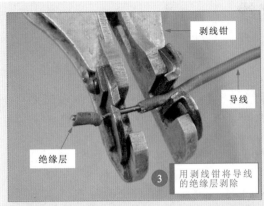

剥线钳

导线

绝缘层

③ 用剥线钳将导线的绝缘层剥除

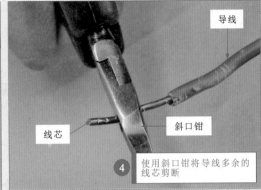

导线

线芯

斜口钳

④ 使用斜口钳将导线多余的线芯剪断

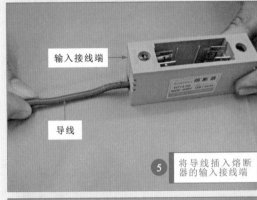

输入接线端

导线

⑤ 将导线插入熔断器的输入接线端

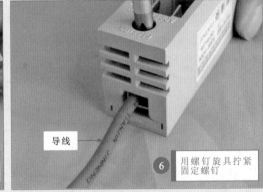

导线

⑥ 用螺钉旋具拧紧固定螺钉

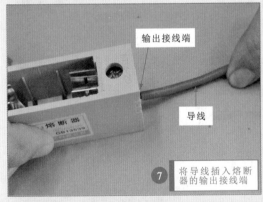

输出接线端

导线

⑦ 将导线插入熔断器的输出接线端

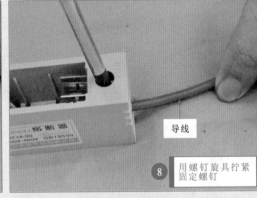

导线

⑧ 用螺钉旋具拧紧固定螺钉

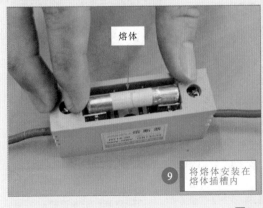

熔体

⑨ 将熔体安装在熔体插槽内

⑩ 安装好的熔断器

图5-5（续）

第1章 第2章 第3章 第4章 第5章 第6章 第7章 第8章 第9章 第10章 第11章 第12章 第13章 第14章

5.2 电源插座的安装与接线

5.2.1 三孔插座

三孔插座是指面板上设有相线插孔、零线插孔和接地插孔三个插孔的电源插座。在安装前，首先要了解三孔插座的特点和接线关系，如图5-6所示。三孔插座的安装方法如图5-7所示。

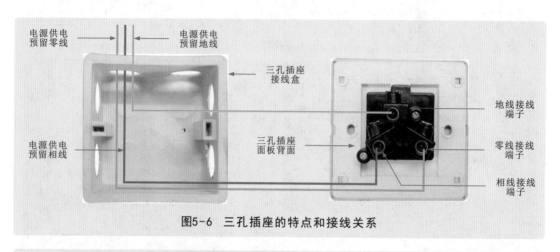

图5-6 三孔插座的特点和接线关系

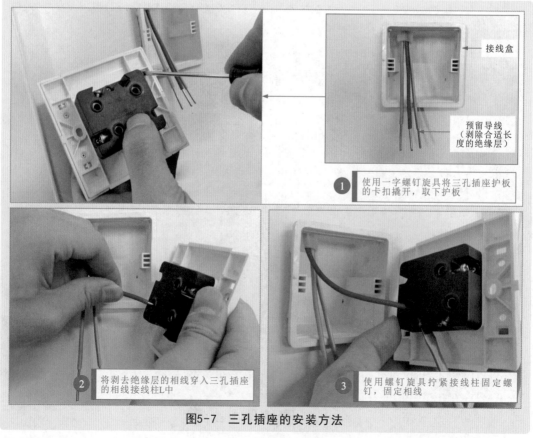

① 使用一字螺钉旋具将三孔插座护板的卡扣撬开，取下护板

② 将剥去绝缘层的相线穿入三孔插座的相线接线柱L中

③ 使用螺钉旋具拧紧接线柱固定螺钉，固定相线

图5-7 三孔插座的安装方法

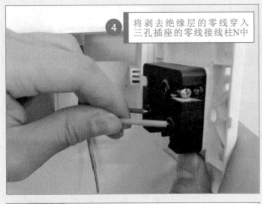

④ 将剥去绝缘层的零线穿入三孔插座的零线接线柱N中

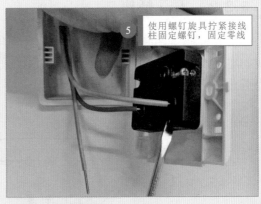

⑤ 使用螺钉旋具拧紧接线柱固定螺钉，固定零线

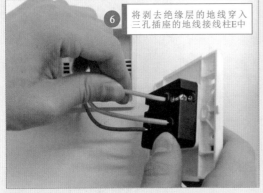

⑥ 将剥去绝缘层的地线穿入三孔插座的地线接线柱E中

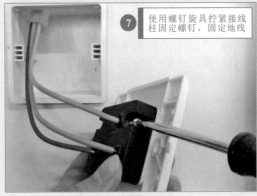

⑦ 使用螺钉旋具拧紧接线柱固定螺钉，固定地线

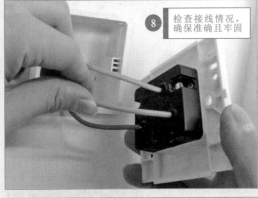

⑧ 检查接线情况，确保准确且牢固

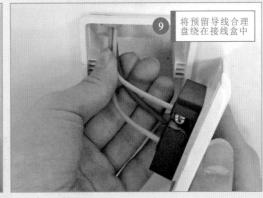

⑨ 将预留导线合理盘绕在接线盒中

⑩ 将三孔插座与接线盒用螺钉固定

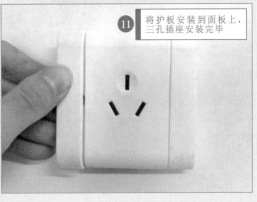

⑪ 将护板安装到面板上，三孔插座安装完毕

图5-7（续）

5.2.2 五孔插座

五孔插座是两孔插座和三孔插座的组合：上面是两孔插座，为采用两孔插头电源线的电气设备供电；下面为三孔插座，为采用三孔插头电源线的电气设备供电。图5-8为五孔插座的特点和接线关系。

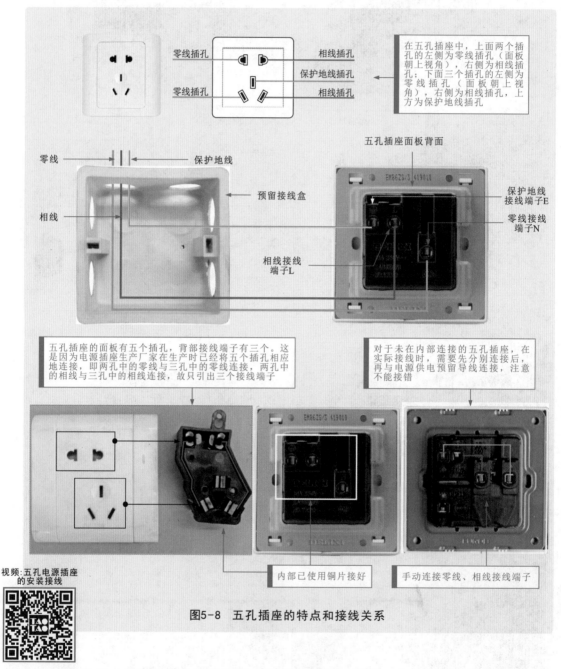

图5-8 五孔插座的特点和接线关系

在安装前，首先区分待安装五孔插座接线端子的类型，在确保供电线路断电的状态下，将预留接线盒中的相线、零线、保护地线连接到五孔插座相应的接线端子（L、N、E）上，并用螺钉旋具拧紧固定螺钉。

5.2.3 带开关插座

带开关插座是指在面板上设有开关的电源插座。带开关插座多应用在厨房、卫生间，应用时，可通过开关控制电源的通、断，不需要频繁拔插电气设备的电源插头，控制方便，操作安全。

安装前，首先要了解带开关插座的特点和接线关系，如图5-9所示。

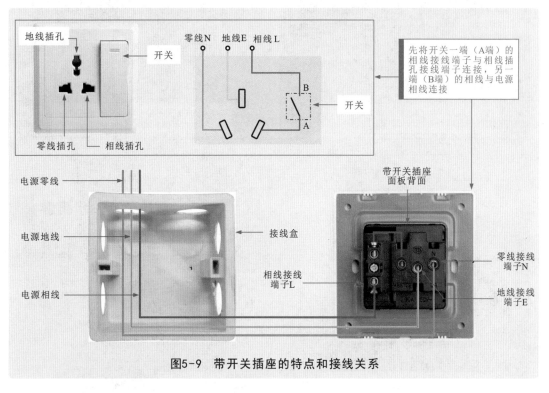

图5-9 带开关插座的特点和接线关系

带开关插座的安装方法如图5-10所示。

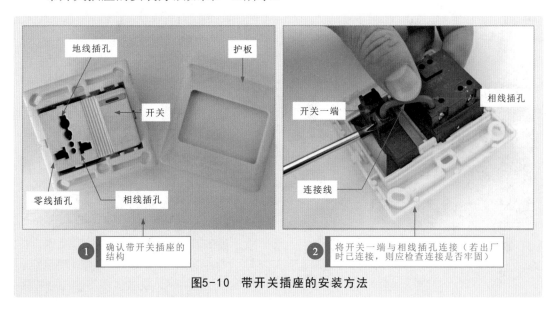

① 确认带开关插座的结构

② 将开关一端与相线插孔连接（若出厂时已连接，则应检查连接是否牢固）

图5-10 带开关插座的安装方法

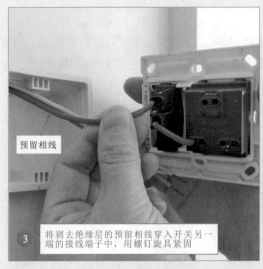

预留相线

③ 将剥去绝缘层的预留相线穿入开关另一端的接线端子中，用螺钉旋具紧固

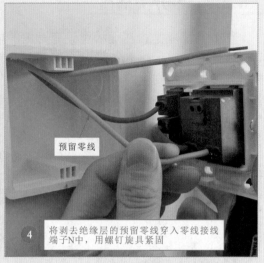

预留零线

④ 将剥去绝缘层的预留零线穿入零线接线端子N中，用螺钉旋具紧固

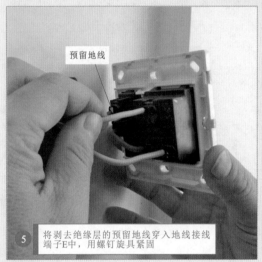

预留地线

⑤ 将剥去绝缘层的预留地线穿入地线接线端子E中，用螺钉旋具紧固

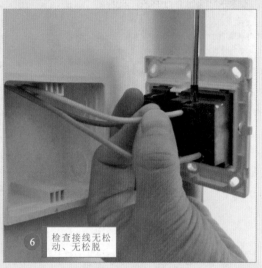

⑥ 检查接线无松动、无松脱

⑦ 将预留导线合理盘绕在接线盒内

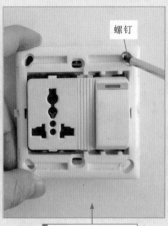

螺钉

⑧ 用螺钉将面板与接线盒固定

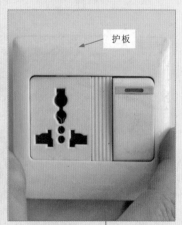

护板

⑨ 安装护板后，完成带开关插座的安装

图5-10（续）

5.2.4 组合插座

组合插座是指将多个三孔插座或五孔插座组合在一起构成的电源插座，也称插座排，结构紧凑，占用空间小。组合插座多用在电气设备比较集中的场合。

安装前，首先要了解组合插座的特点和接线关系，如图5-11所示。

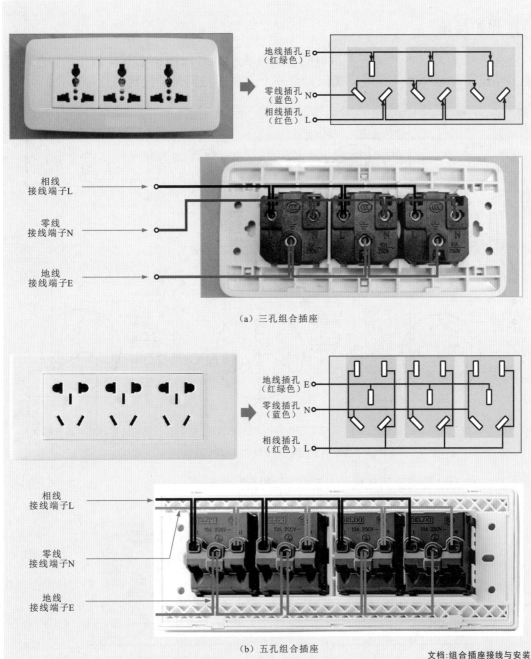

（a）三孔组合插座

（b）五孔组合插座

文档:组合插座接线与安装

图5-11　组合插座的特点和接线关系

5.3 接地装置的连接

5.3.1 接地形式

电气设备常见的接地形式主要有保护接地、重复接地、防雷接地、防静电接地等。

1 保护接地

保护接地是将电气设备不带电的金属外壳接地，以防止电气设备在绝缘损坏或意外情况下使金属外壳带电，确保人身安全。图5-12为保护接地的几种形式。

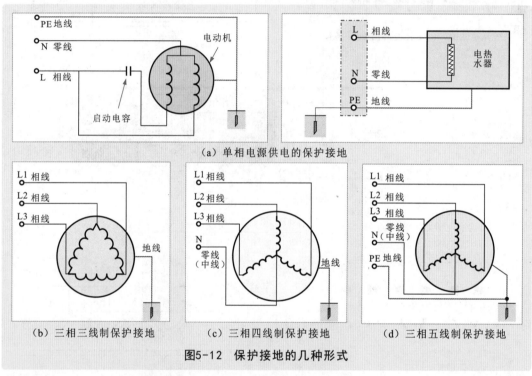

（a）单相电源供电的保护接地

（b）三相三线制保护接地　（c）三相四线制保护接地　（d）三相五线制保护接地

图5-12　保护接地的几种形式

图5-13为电动机金属底座和外壳的保护接地措施。

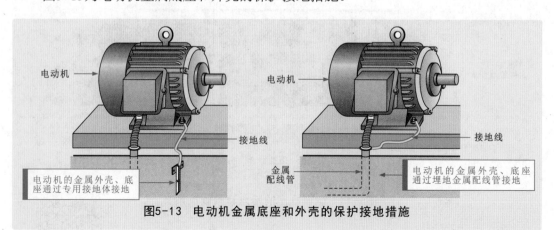

图5-13　电动机金属底座和外壳的保护接地措施

图5-14为低压配电设备金属外壳和家用电器设备金属外壳的保护接地措施。

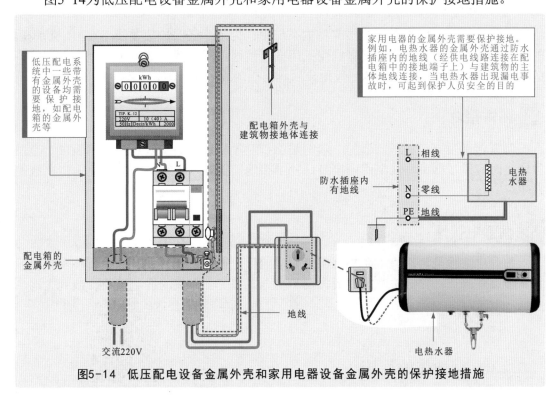

图5-14 低压配电设备金属外壳和家用电器设备金属外壳的保护接地措施

接地可以使用专用的接地体，也可以使用自然接地线，如将底座、外壳与埋在地下的金属配线管连接。

便携式电气设备的保护接地一般不单独敷设，而是采用设备专门接地或接零线芯的橡皮护套线作为电源线，并将绝缘损坏后可能带电的金属构件通过电源线内的专门接地线芯实现保护接地。在电工作业中，常见的便携式设备主要包括电钻、电铰刀、电动锯管机、电动攻丝机、电动砂轮机、电刨、冲击电钻、电锤等。

图5-15为电钻等便携式电动工具的保护接地。

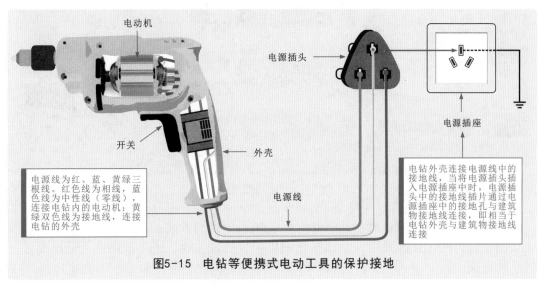

图5-15 电钻等便携式电动工具的保护接地

2 重复接地

重复接地一般应用在保护接零供电系统中，为了降低保护接零线路在出现断线后的危险程度，一般要求保护接零线路采用重复接地形式。其主要作用是提高保护接零的可靠性，即将接地零线间隔一段距离后再次接地或多次接地。

3 防雷接地

防雷接地主要是将避雷器的一端与被保护对象相连，另一端连接接地装置。当发生雷击时，避雷器可将雷电引向自身，并由接地装置导入大地，从而避免雷击事故的发生。

4 防静电接地

防静电接地是将对静电防护有明确要求的供电设备、电气设备的金属外壳接地，并将金属外壳直接接触防静电地板，用于将金属外壳上聚集的静电电荷释放到大地，实现静电防范。

文档:接地保障安全

5.3.2 接地体的连接

直接与土壤接触的金属导体被称为接地体。一般来说，接地体有自然接地体和施工专用接地体两种。

1 自然接地体的安装连接

自然接地体包括直接与大地可靠接触的金属管道、与地连接的建筑物金属结构、钢筋混凝土建筑物的承重基础、带有金属外皮的电缆等，如图5-16所示。

与地连接的
建筑物金属结构

深埋地下的
金属管道

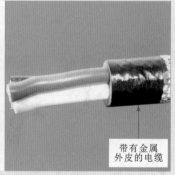
带有金属
外皮的电缆

图5-16 自然接地体

在连接管道一类的自然接地体时，不能使用焊接的方式连接，应采用金属抱箍或夹头的压接方法连接。其中，金属抱箍适用于管径较大的管道，金属夹头适用于管径较小的管道。

2 施工专用接地体的安装连接

施工专用接地体应选用钢材制作，一般常用角钢和钢管作为施工专用接地体。这种专用接地体主要采用垂直安装连接的方式。

5.3.3 接地线的连接

在接地体连接好后，接下来应连接接地线。接地线通常有自然接地线和施工专用接地线。在连接接地线时，应优先选择自然接地线，其次考虑施工专用接地线。

1 自然接地线的连接

接地装置的接地线应尽量选用自然接地线，如建筑物的金属结构、配电装置的构架、配线用钢管（壁厚不小于1.5mm）、电力电缆铅包皮或铝包皮、金属管道（1kV以下电气设备的管道，输送可燃液体或可燃气体的管道不得使用）。

2 施工专用接地线的连接

施工专用接地线通常是使用铜、铝、扁钢或圆钢材料制成的裸线或绝缘线。图5-17为室内接地干线与室外接地体的连接。

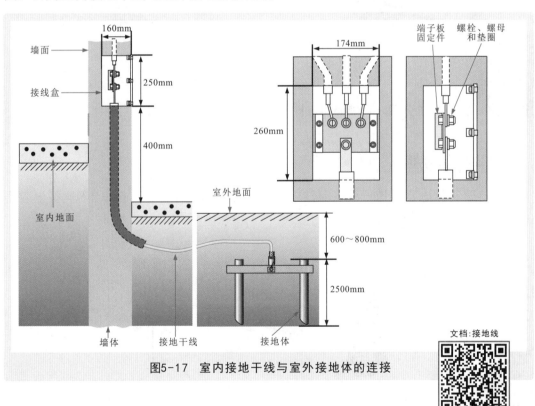

图5-17 室内接地干线与室外接地体的连接

第6章

电子元器件与电子电路识图

6.1 电子电路中的电子元件

6.1.1 电阻器

电阻器简称电阻，是利用物体对所通过的电流产生阻碍作用制成的电子元件。图6-1为典型电阻器的外形特点与电路标识方法。

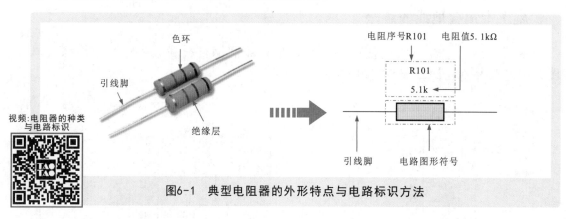

视频:电阻器的种类
与电路标识

图6-1 典型电阻器的外形特点与电路标识方法

6.1.2 电容器

电容器简称电容，是一种可存储电能的元件（储能元件）。图6-2为典型电容器的外形特点与电路标识方法。

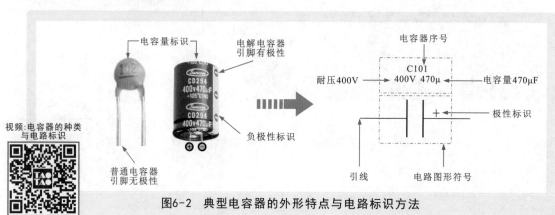

视频:电容器的种类
与电路标识

图6-2 典型电容器的外形特点与电路标识方法

6.2 电子电路中的半导体器件

6.2.1 二极管

二极管是一种常用的半导体器件,是由一个P型半导体和N型半导体形成PN结,并在PN结两端引出相应的电极引线,再加上管壳密封制成的。图6-3为典型二极管的外形特点与电路标识方法。

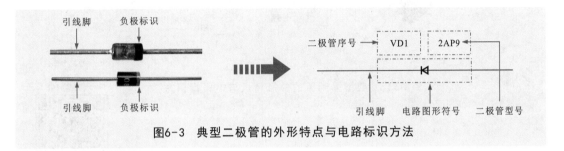

图6-3 典型二极管的外形特点与电路标识方法

6.2.2 三极管

三极管又称晶体管,是在一块半导体基片上制作两个距离很近的PN结,这两个PN结把整块半导体分成三部分,中间部分为基极(b),两侧部分为集电极(c)和发射极(e)。图6-4为典型三极管的外形特点与电路标识方法。

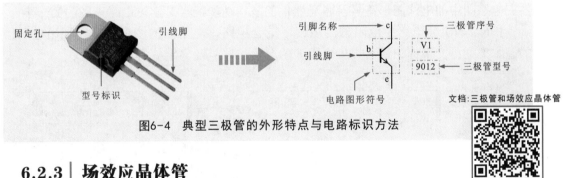

图6-4 典型三极管的外形特点与电路标识方法

文档:三极管和场效应晶体管

6.2.3 场效应晶体管

场效应晶体管简称场效应管(FET),是一种利用电场效应控制电流大小的电压型半导体器件,具有PN结结构。图6-5为典型场效应晶体管的外形特点与电路标识方法。

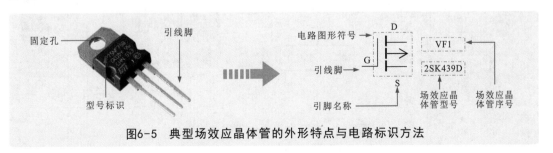

图6-5 典型场效应晶体管的外形特点与电路标识方法

6.2.4 晶闸管

晶闸管是一种可控整流器件，也称可控硅。图6-6为典型晶闸管的外形特点与电路标识方法。

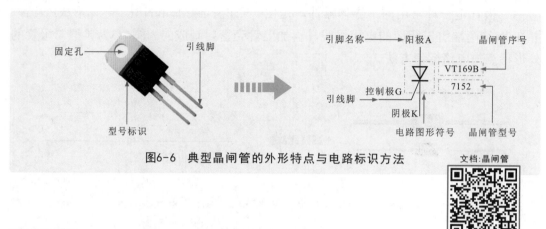

图6-6 典型晶闸管的外形特点与电路标识方法

文档:晶闸管

6.3 电子电路识图技巧

6.3.1 从元器件入手识读电路

电子元器件是构成电子产品的基础，换句话说，任何电子产品都是由不同的电子元器件按照电路规则组合而成的。因此，了解电子元器件的基本知识，掌握不同元器件在电路图中的电路图形符号及各元器件的基本功能特点是学习电路识图的第一步。

图6-7为实际电路中电阻器的识读。结合电路，电阻器的图形符号体现出电阻器的基本类型；文字标识通常提供电阻器的名称、序号及电阻值等参数信息。

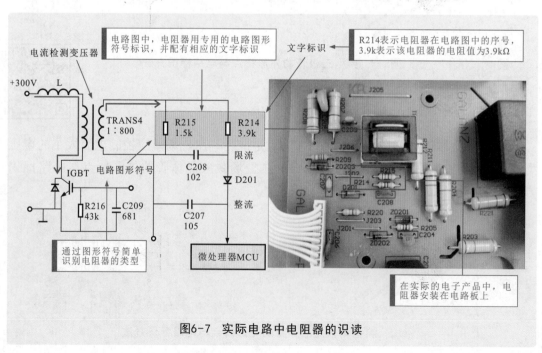

图6-7 实际电路中电阻器的识读

6.3.2 │ 从单元电路入手识读电路

单元电路是由常用元器件、简单电路及基本放大电路构成的可以实现一些基本功能的电路，是整机电路中的单元模块，如串并联电路、RC电路、LC电路、放大器、振荡器等。在识读复杂的电子电路时，通常可从单元电路入手。图6-8为超外差调幅（AM）收音机整机电路的划分。

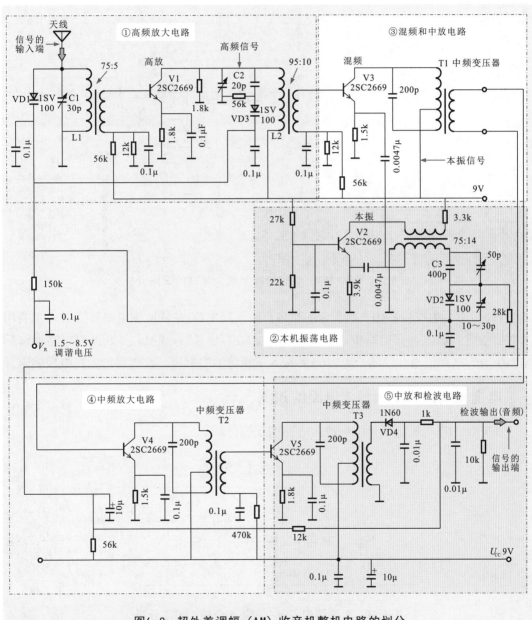

图6-8　超外差调幅（AM）收音机整机电路的划分

根据电路功能找到天线端为信号接收端，即输入端，最后输出声音的右侧音频信号为输出端，根据电路中的几个核心元件划分为五个单元电路模块。

6.4 电子电路识图案例

6.4.1 基本放大电路识图案例

1 调频（FM）收音机高频放大电路的识图

图6-9为调频（FM）收音机高频放大电路的识图分析。

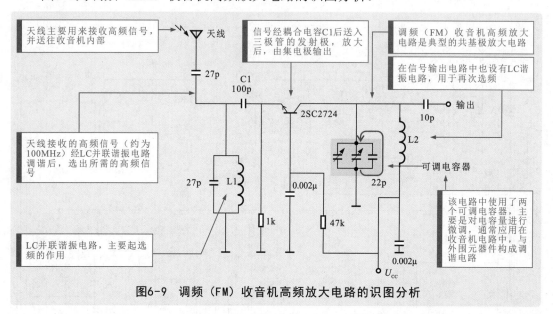

图6-9 调频（FM）收音机高频放大电路的识图分析

图6-9所示电路主要由三极管2SC2724及输入端的LC并联谐振电路等组成，主要用来对信号进行放大。在电路中，天线接收天空中的信号后，经LC并联谐振电路调谐后输出所需的高频信号，经耦合电容C1后送入三极管的发射极，放大后，由集电极输出。

2 电视机调谐器中频放大电路的识图

图6-10为电视机调谐器中频放大电路的识图分析。

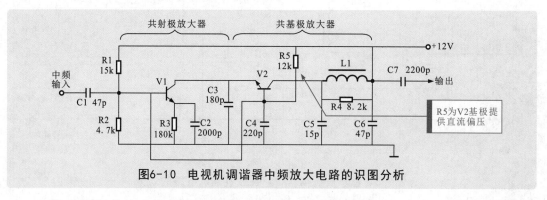

图6-10 电视机调谐器中频放大电路的识图分析

V2与偏置元件构成共基极放大器。工作时，中频信号（38MHz）先经电容C1耦合到V1，放大后，由V1集电极输出，直接送到V2的发射极，V2的发射极输出放大后的中频信号，再经LC滤波后送到输出端。

6.4.2 | 电源电路识图案例

图6-11为典型线性稳压电源电路的识图分析。

线性稳压电源电路主要是由降压变压器、桥式整流堆、滤波电容及稳压调整晶体管、稳压二极管等元器件组成的。

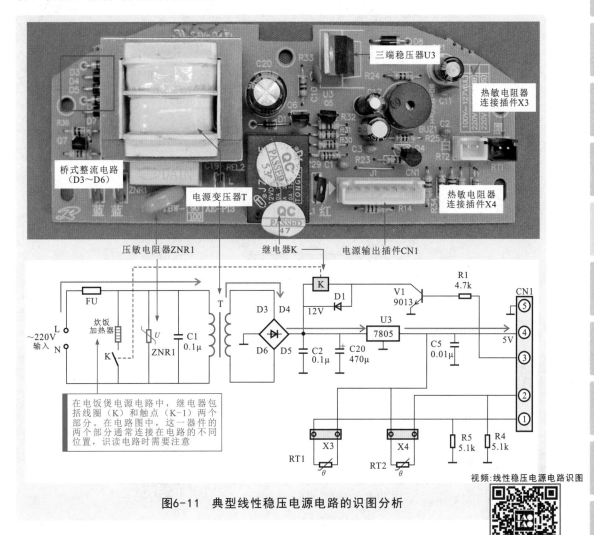

图6-11 典型线性稳压电源电路的识图分析

视频:线性稳压电源电路识图

工作时,AC 220V市电送入电路后,通过FU(热熔断器)将交流电输送到电源电路中。热熔断器主要起保护电路的作用,当电饭煲中的电流过大或电饭煲中的温度过高时,热熔断器熔断,切断电饭煲的供电。

交流220V进入电源电路中,经降压变压器降压后,输出交流低压。

交流低压经过桥式整流电路和滤波电容整流滤波后,变为直流低压,送到三端稳压器中。

三端稳压器对整流电路输出的直流电压进行稳压后,输出+5V的稳定直流电压,为微电脑控制电路提供工作电压。

6.4.3 | 音频电路识图案例

图6-12为典型音量控制电路的识图分析。

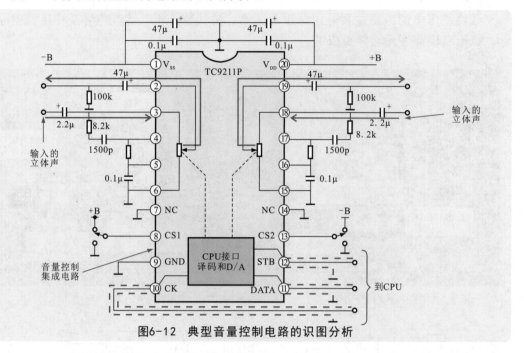

图6-12 典型音量控制电路的识图分析

TC9211P是音量控制集成电路。输入的立体声信号分别由TC9211P的3脚、18脚输入。在外部CPU的控制下对输入信号进行音量调整和控制后，由2脚、19脚输出。CPU的控制信号（时钟、数据和待机）从10～12脚送入TC9211P中，经接口电路译码和D/A变换，变成模拟电压控制音频信号的幅度，达到控制音量的目的。

6.4.4 | 脉冲电路识图案例

视频:键控脉冲产生电路识图

1 键控脉冲产生电路的识图

图6-13为典型键控脉冲产生电路的识图分析。

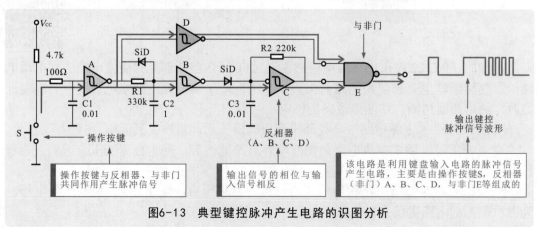

图6-13 典型键控脉冲产生电路的识图分析

2 脉冲延迟电路的识图

图6-14为典型脉冲延迟电路的识图分析。在电路输入端输入一个脉冲信号，经反相器A1反相放大后输出。该反向放大后的脉冲信号经RC积分电路产生延迟。延迟后的脉冲信号再经反相器A2反相放大后输出，在输出端得到一个经延迟的脉冲信号。

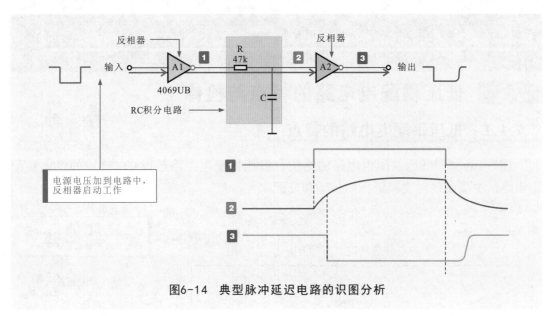

图6-14 典型脉冲延迟电路的识图分析

6.4.5 遥控电路识图案例

图6-15为典型空调器遥控接收电路的识图分析。

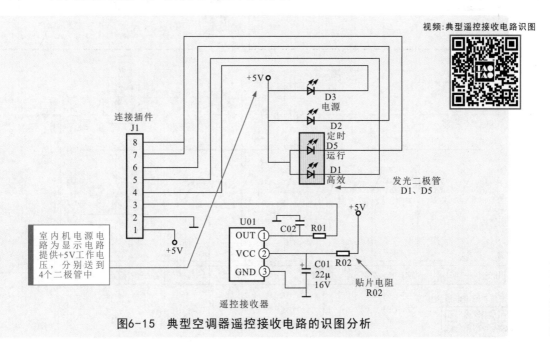

图6-15 典型空调器遥控接收电路的识图分析

第7章

供配电电路识图与检修

7.1 低压供配电电路的特点与检修

7.1.1 低压供配电电路的特点

图7-1为典型低压供配电电路的结构。低压供配电电路是指380/220V的供电和配电电路，主要实现对交流低压的传输和分配。

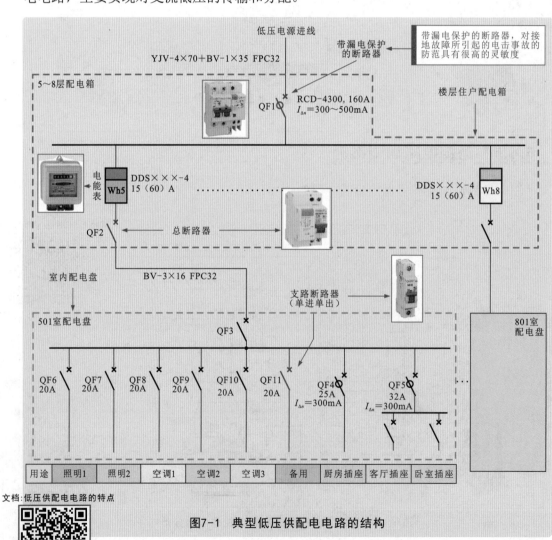

图7-1 典型低压供配电电路的结构

文档:低压供配电电路的特点

7.1.2 低压供配电电路的检修

根据入户低压供配电电路的识读分析可知，QF1和QF2为电路的总控制部件，只有这两个部件闭合，后级电路才能够工作；QF3～QF8为电路的直流控制部件，可分别单独控制某一支路接通电源。

根据这种控制关系，检测入户低压供配电电路可分为总路和支路两方面进行检测，即检测电路中的总供电电流（或电压）和支路电流（或电压）。

1 检测电路总供电电流

在入户低压供配电电路中，总路（配电箱）是将供电电源送入各支路的必要通道，因此对总路输出的检测非常重要。

通常可以使用钳形表检测总路输出的电流，若输出电流正常，则说明总路部分正常，接下来可逐一检测支路部分；若无输出电流或输出电流过小，则需要逐一检测总路（配电箱）中所有部件的性能，包括电度表、总断路器QF1及前级供配电电路。

2 检测电路支路电流

入户低压供配电电路中，每一条支路都是独立的，可由支路断路器根据需要控制通断，支路用电设备不同，支路电流也不同，可通过检测各支路电路判断支路部分是否有异常情况。检测时，一般可在室内配电盘中检测支路断路器的输出端（以照明支路为例），如图7-2所示。

文档:低压供配电电路的检修

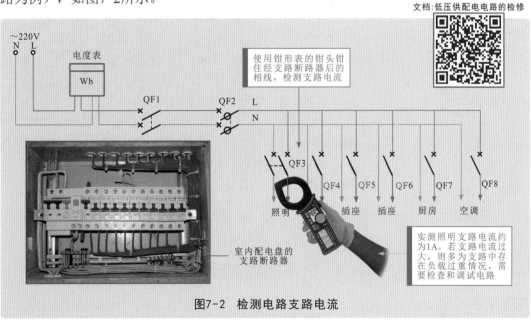

图7-2 检测电路支路电流

检测电路总路供电电流或支路电流，若发现实测电流过大，与实际情况不符，则可能是电路中存在负载过重或电路、负载漏电的情况。因此，检测入户低压供配电电路时，还需要对电路进行漏电检测。

7.2 高压供配电电路的特点与检修

7.2.1 高压供配电电路的特点

高压供配电电路是指6～10kV的供电和配电电路，主要实现将电力系统中35～110kV的供电电压降低为6～10kV的高压配电电压，并供给高压配电所、车间变电所和高压用电设备等。图7-3为典型高压供配电电路的结构。

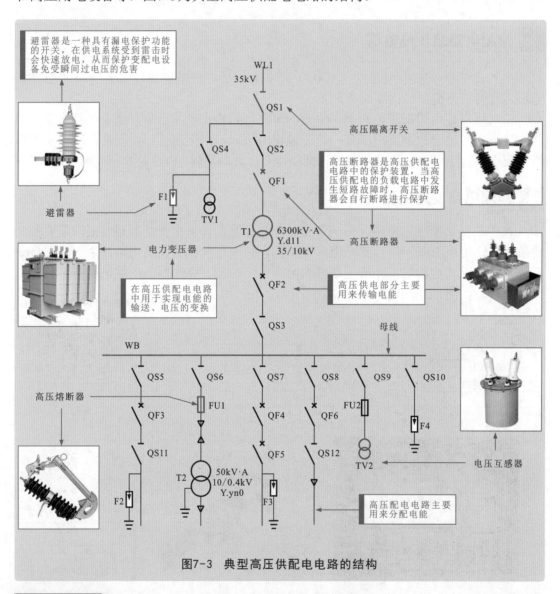

图7-3 典型高压供配电电路的结构

> **补充说明**
>
> 单线连接表示高压电气设备的一相连接方式，而另外两相则被省略，这是因为三相高压电气设备中三相接线方式相同，即其他两相接线与这一相接线相同。这种高压供配电电路的单线电路图主要用于供配电电路的规划与设计以及有关电气数据的计算、选用、日常维护、切换回路等的参考，了解一相电路，就等同于知道了三相电路的结构组成等信息。

7.2.2 | 高压供配电电路的检修

　　根据典型高压供配电电路的识读分析可知，该电路用于将35～110kV的高压降压、传输和分配。根据这一供电特点和电压数值，检测公共高压供配电电路也主要通过电路本身的计量设备，如电压互感器等监测电路中的状态。

　　图7-4为典型公共高压供配电电路的检测方法。

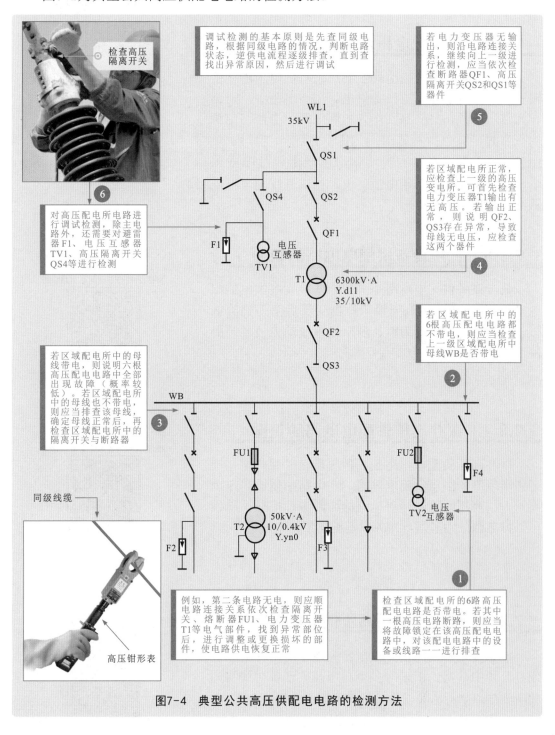

图7-4　典型公共高压供配电电路的检测方法

7.3 供配电电路的识图案例训练

7.3.1 低压动力线供配电电路的识图

低压动力线供配电电路是用于为低压动力用电设备提供380V交流电源的电路。

文档:低压动力线供配电电路识图

7.3.2 低压配电柜供配电电路的识图

低压配电柜供配电电路主要用来对低电压进行传输和分配，为低压用电设备供电。在该电路中，一路作为常用电源，另一路则作为备用电源，当两路电源均正常时，黄色指示灯HL1、HL2均点亮；若指示灯HL1不能正常点亮，则说明常用电源出现故障或停电，此时需要使用备用电源供电，使该低压配电柜能够维持正常工作。

视频:低压配电柜供配电电路识图

7.3.3 低压设备供配电电路的识图

低压设备供配电电路是一种为低压设备供电的配电电路，6～10kV的高压经降压器变压后变为交流低压，经开关为低压动力柜、照明设备或动力设备等提供工作电压。

文档:低压设备供配电电路识图

7.3.4 深井高压供配电电路的识图

深井高压供配电电路是一种应用在矿井、深井等工作环境下的高压供配电电路，在电路中使用高压隔离开关、高压断路器等对电路的通断进行控制，母线可以将电源分为多路，为各设备提供工作电压。

视频:深井高压供配电电路识图

7.3.5 楼宇变电所高压供配电电路的识图

楼宇变电所高压供配电电路应用在高层住宅小区或办公楼中，其内部采用多个高压开关设备对线路的通断进行控制，从而为高层的各个楼层供电。

视频:楼宇变电所高压供配电电路识图

第8章
灯控照明电路识图与检修

文档:室内灯控照明电路的特点

8.1 室内灯控照明电路的特点与检修

8.1.1 室内灯控照明电路的特点

图8-1为典型室内灯控照明电路的结构。室内灯控电路应用在室内自然光线不足的情况下，主要由控制开关和照明灯具等构成。

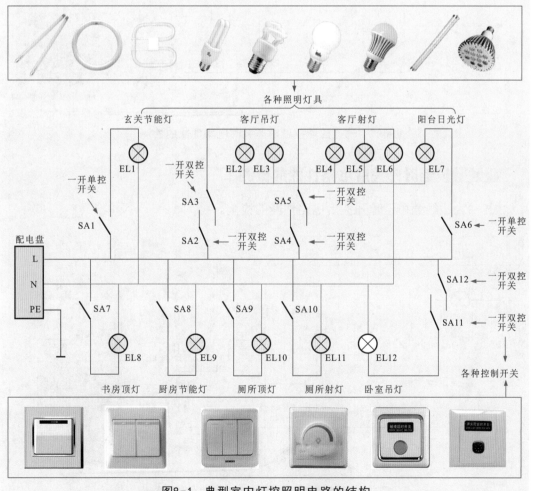

图8-1 典型室内灯控照明电路的结构

8.1.2 室内灯控照明电路的检修

检测室内灯控照明电路时，可根据电路的控制关系，借助万用表测量电路在不同状态下的性能是否正常，进而完成对电路的检修。以触摸延时照明控制电路为例，可分别检测未碰触触摸延时开关时电路的性能和碰触触摸延时开关后电路的性能。

1 未碰触触摸延时开关时电路性能的检测

图8-2为未碰触触摸延时开关时电路性能的检测。未碰触触摸延时开关时，单向晶闸管截止，电路处于断开状态。可使用万用表检测各检测点的电压值是否正常。

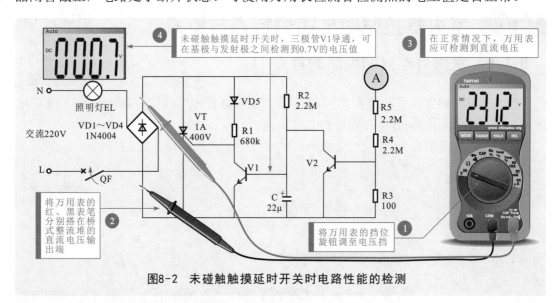

图8-2　未碰触触摸延时开关时电路性能的检测

2 碰触触摸延时开关后电路性能的检测

图8-3为碰触触摸延时开关后电路性能的检测。

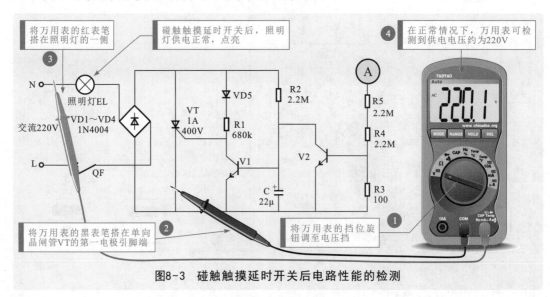

图8-3　碰触触摸延时开关后电路性能的检测

8.2 | 公共灯控照明电路的特点与检修

文档:公共灯控照明电路的特点

8.2.1 | 公共灯控照明电路的特点

图8-4为典型公共灯控照明电路的结构。公共灯控照明电路一般应用在公共环境下，如室外景观、路灯、楼道照明等。这类照明控制线路的结构组成较室内照明控制电路复杂，通常由小型集成电路负责电路控制，具备一定的智能化特点。

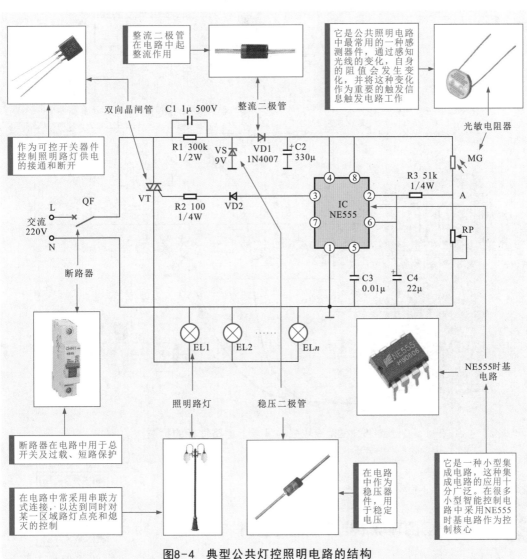

图8-4 典型公共灯控照明电路的结构

※ 补充说明

图8-4所示公共灯控照明电路是由多盏路灯、总断路器QF、双向晶闸管VT、控制芯片（NE555时基电路）、光敏电阻器MG等构成的。

公共灯控照明电路大多是依靠由自动感应部件、触发控制部件等组成的触发控制电路进行控制的。其中控制核心多采用NE555时基电路。NE555时基电路有多个引脚，可将送入的信号进行处理后输出。

8.2.2 公共灯控照明电路的检修

1 在光线较强的环境下电路性能的检测

首先在光线较强的环境下，借助万用表检测电路中主要元器件的供电电压、导通状态等。图8-5为在光线较强的环境下电路性能的检测。

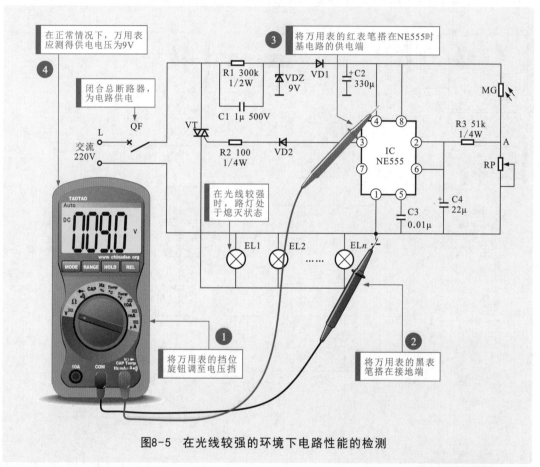

图8-5 在光线较强的环境下电路性能的检测

文档:公共灯控照明电路的检修

2 在光线较弱的环境下电路性能的检测

在光线较弱的环境下，可借助万用表检测路灯是否正常点亮、主要元器件的导通状态是否正常。

📝 补充说明

在小区路灯照明控制电路中，光敏电阻器MG是主要的控制元器件之一，若电路供电正常，则还需要检测光敏电阻器。通常使用万用表检测光敏电阻器在不同光线下的阻值变化情况，在正常情况下，当光线较强时，其阻值较大；当光线较弱时，其阻值较小。

8.3 灯控照明电路的识图案例训练

8.3.1 客厅异地联控照明电路的识图

客厅异地联控照明电路主要由两个一开双控开关和一盏照明灯构成，可实现家庭客厅照明灯的两地控制。

文档:客厅异地联控照明电路识图

8.3.2 卧室三地联控照明电路的识图

卧室三地联控照明电路主要由两个一开双控开关、一个双控联动开关和一盏照明灯构成，可实现卧室内照明灯受床头两侧和进门处的三地控制。

文档:卧室三地联控照明电路识图

8.3.3 卫生间门控照明电路的识图

卫生间门控照明电路主要由各种电子元器件构成的控制电路和照明灯构成。该电路是一种自动控制照明灯工作的电路，在有人开门进入卫生间时，照明灯自动点亮；当有人走出卫生间时，照明灯自动熄灭。

视频:卫生间门控照明电路识图

8.3.4 楼道声控照明电路的识图

楼道声控照明电路主要由声音感应器件、控制电路和照明灯等构成，通过声音和控制电路控制照明灯具的点亮和延时自动熄灭。

视频:楼道声控照明电路识图

8.3.5 景观照明电路的识图

景观照明电路是指应用在一些观赏景点或广告牌上，或者用在一些比较显著的位置上，设置用来观赏或提示功能的公共用电电路。

文档:景观照明电路识图

8.3.6 LED广告灯电路的识图

LED广告灯电路可用于小区庭院、马路景观照明等，通过逻辑门电路控制不同颜色的LED有规律地亮灭，起到广告警示的作用。

文档:LED广告灯电路识图

第9章
直流电动机控制电路识图与检修

9.1 直流电动机控制电路的特点与检修

9.1.1 直流电动机控制电路的特点

文档:直流电动机控制电路
的控制连接关系

　　直流电动机控制电路主要是指对直流电动机进行控制的电路,根据选用控制部件数量的不同及对不同部件间的不同组合,可实现多种控制功能。图9-1为典型直流电动机控制电路的结构。

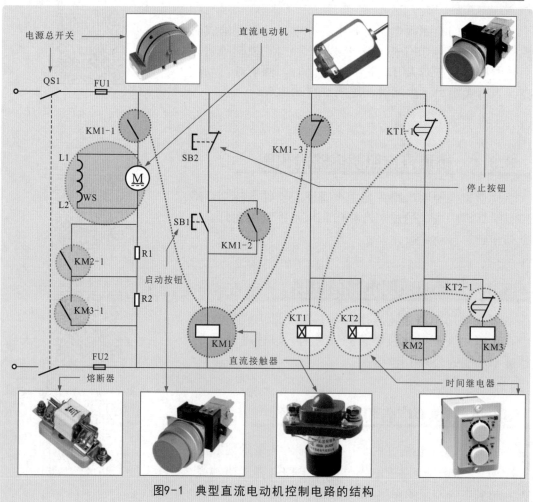

图9-1　典型直流电动机控制电路的结构

9.1.2 | 直流电动机控制电路的检修

对于直流电动机控制电路的检修，可根据信号流程，对控制电路中各主要控制部件及功能部件进行检测。

1 按钮开关的检测

文档:直流电动机控制电路检修

在直流电动机控制电路中常用的按钮开关有常开按钮开关和常闭按钮开关。按钮开关常串于电路中，用来控制电路的通断。检测开关时，可通过外观直接判断开关性能是否正常，还可以借助万用表对其本身的性能进行检测。

2 直流电动机的检测

检测直流电动机是否正常时，主要是使用万用表测量其绕组阻值是否正常。绕组是电动机中的主要组成部件，损坏的概率相对较高，检测时，主要是判断其是否有无短路或断路的故障。

9.2 直流电动机控制电路的识图案例训练

9.2.1 | 光控直流电动机驱动及控制电路的识图

文档:光控直流电动机驱动及控制电路识图

光控直流电动机驱动及控制电路是由光敏晶体管控制的直流电动机电路，通过光照的变化可以控制直流电动机的启动、停止等状态。

9.2.2 直流电动机调速控制电路的识图

视频:直流电动机调速控制电路识图

直流电动机调速控制电路是一种可在负载不变的情况下控制直流电动机的旋转速度的电路。

9.2.3 | 直流电动机能耗制动控制电路的识图

直流电动机能耗制动控制电路由直流电动机和能耗制动控制电路构成。该电路主要是维持直流电动机的励磁不变，把正在接通电源并具有较高转速的直流电动机电枢绕组从电源上断开，使直流电动机变为发电机，并与外加电阻器连接为闭合回路，利用此电路中产生的电流及制动转矩使直流电动机快速停车。在制动过程中，将系统的动能转化为电能并以热能的形式消耗在电枢电路的电阻器上。

文档:直流电动机能耗制动控制电路识图

第10章

单相交流电动机控制电路识图与检修

10.1 单相交流电动机控制电路的特点与检修

10.1.1 单相交流电动机控制电路的特点

单相交流电动机控制电路可实现启动、运转、变速、制动、反转和停机等多种控制功能。图10-1为典型单相交流电动机控制电路的结构。

文档:单相交流电动机的连接和控制

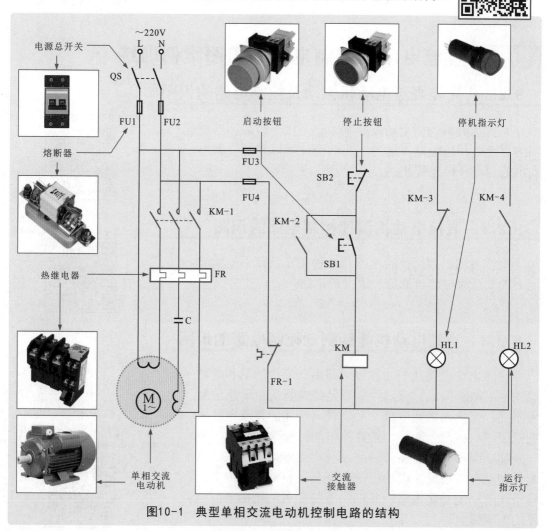

图10-1 典型单相交流电动机控制电路的结构

10.1.2 单相交流电动机控制电路的检修

单相交流电动机控制电路中的启停控制按钮用于控制电路启停状态，交流接触器用于控制单相交流电动机通断电状态，单相交流电动机则根据供电的控制关系实现运转和停止操作。

因此，检测单相交流电动机控制电路时，可首先在断电状态下，检测电路控制支路的启停功能是否正常；然后接通电源，检测电动机的供电电压和供电状态。若电路异常，还需要对电路中主要组成部件的性能进行检测，如启停按钮、接触器等。

1 电路启停功能的检测方法

断开电源开关QS，用验电器检测被测电路无电后，按下启动按钮SB1，控制电路启动；按下停止按钮SB2，控制支路供电回路被切断。根据其控制关系，可借助万用表检测控制支路部分的通断状态来判断电路的启停功能是否正常，如图10-2所示。

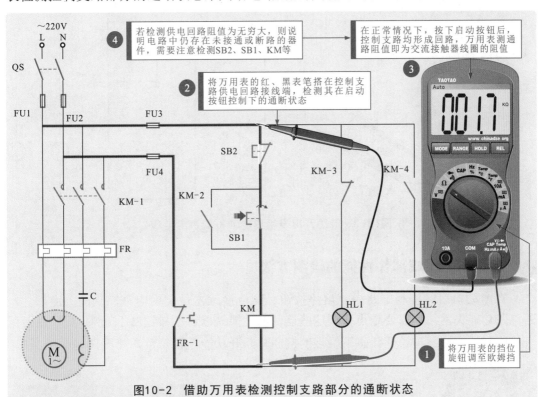

图10-2 借助万用表检测控制支路部分的通断状态

补充说明

在上述控制支路中，在按下启动按钮（保持按下状态，不能松开按钮）后，控制支路的供电回路接通，用万用表检测时，应能够测得回路中各部件串联后的阻值，由于在SB2、SB1触点接通状态下，阻值可以忽略不计，因此当电路启动功能正常时，万用表所测得的阻值即为交流接触器线圈的阻值。若阻值过大或接近无穷大，则需要对电路中的组成部件进行检测。

在按下停止按钮SB2后，该控制支路的供电回路均被切断，借助万用表检测回路阻值，所测结果应为无穷大，说明该电路的停止功能正常。若借助万用表检测时，不符合上述规律，则说明停止按钮失常，需要检测停止按钮的性能，排除故障因素，恢复电路功能。

2 电动机供电电压的检测方法

合上电源总开关QS，接通电源，在通电状态下，按下启动按钮SB1，电路启动工作，此时借助万用表检测电动机的供电电压，如图10-3所示。若检测供电正常，则说明电路功能正常。

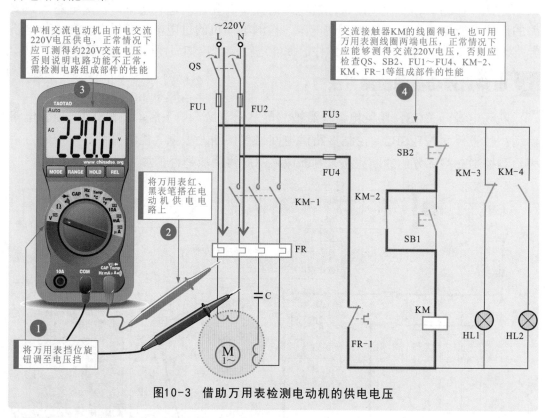

图10-3　借助万用表检测电动机的供电电压

3 电路主要组成部件性能的检测方法

在电动机启停控制电路中，启停按钮、交流接触器是实现电路控制的关键部件，若电路功能失常，则需要重点检测这些器件的性能。以启动按钮SB1为例，可借助万用表检测其按钮按下与松开状态下触点的接通与断开功能是否正常，如图10-4所示。

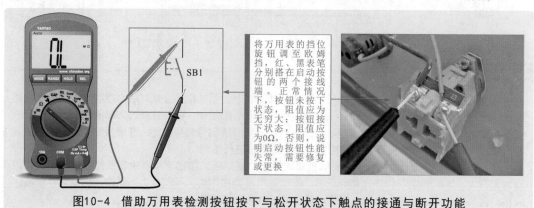

图10-4　借助万用表检测按钮按下与松开状态下触点的接通与断开功能

10.2 单相交流电动机控制电路的识图案例训练

10.2.1 单相交流电动机正/反转驱动电路的识图

单相交流异步电动机的正/反转驱动电路中辅助绕组通过启动电容与电源供电相连，主绕组通过正反向开关与电源供电线相连，开关可调换接头来实现正反转控制。

文档:单相交流电动机正/反转驱动电路识图

10.2.2 可逆单相交流电动机驱动电路的识图

可逆单相交流电动机的驱动电路中，电动机内设有两个绕组（主绕组和辅助绕组），单相交流电源加到两绕组的公共端，绕组另一端接一个启动电容。正反向旋转切换开关接到电源与绕组之间，通过切换两个绕组实现转向控制，这种情况电动机的两个绕组参数相同。用互换主绕组的方式进行转向切换。

文档:可逆单相交流电动机驱动电路识图

10.2.3 单相交流电动机晶闸管调速电路的识图

采用晶闸管的单相交流电动机调速电路中，晶闸管调速是通过改变晶闸管的导通角来改变电动机的平均供电电压，从而调节电动机的转速。

文档:单相交流电动机晶闸管调速电路识图

10.2.4 单相交流电动机自动启停控制电路的识图

单相交流电动机自动启停控制电路主要由湿敏电阻器和外围元器件构成的控制电路控制。湿敏电阻器测量湿度，并转换为单相交流电动机的控制信号，从而自动控制电动机的启动、运转与停机。

文档:单相交流电动机自动启停控制电路识图

10.2.5 单相交流电动机正/反转控制电路的识图

典型单相交流电动机正/反转控制电路主要由限位开关和接触器、按钮开关等构成的控制电路与单相交流电动机构成。该控制电路通过限位开关对电动机驱动对应位置的测定来自动控制单相交流电动机绕组的相序，从而实现电动机正/反转自动控制。

文档:单相交流电动机正/反转控制电路识图

第11章
三相交流电动机控制电路识图与检修

11.1 三相交流电动机控制电路的特点与检修

11.1.1 三相交流电动机控制电路的特点

三相交流电动机控制电路可控制电动机实现启动、运转、变速、制动、反转和停机等功能。图11-1为典型三相交流电动机控制电路的结构。

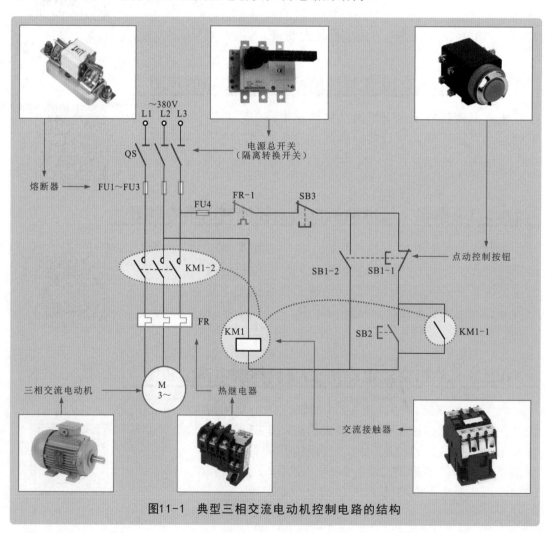

图11-1 典型三相交流电动机控制电路的结构

11.1.2 │ 三相交流电动机控制电路的检修

对三相交流电动机控制电路的检测，可根据控制关系，首先在断电状态下，通过按动按钮开关，检测控制支路的启停功能是否正常；然后，接通电源，检测电路中的电压参数。

1 电路启停功能的检测

断开电源开关QS，用验电器检测被测电路无电后，按下启动按钮SB1或SB2，控制电路启动；按下停止按钮SB3，控制支路供电回路被切断。据此控制关系，可检测控制支路部分的通断状态来判断电路的启停功能是否正常，如图11-2所示。

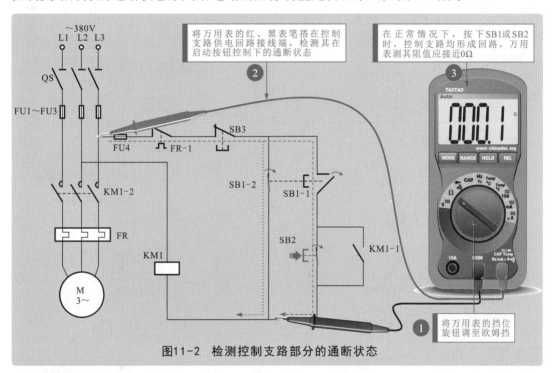

图11-2 检测控制支路部分的通断状态

◈ 补充说明

在上述控制支路中，按下停止按钮SB3后，无论电路中的SB1和SB2是否处于按下状态，该控制支路的供电回路均被切断，借助万用表检测回路阻值，所测得的结果应为无穷大，如图11-3所示。

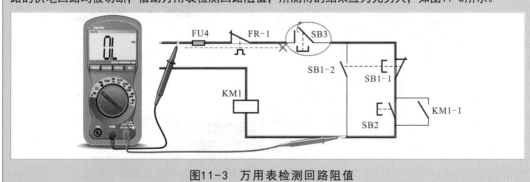

图11-3 万用表检测回路阻值

2 电路电压参数的检测

根据电路功能，接通电源后，在按下启动按钮后，电路功能正常时，交流接触器线圈应获得供电电压，并在该电压作用下，其主触点动作，接通三相交流电动机的三相供电。根据这一控制关系，可借助万用表检测接触器线圈和三相交流电动机的供电电压，如图11-4所示。

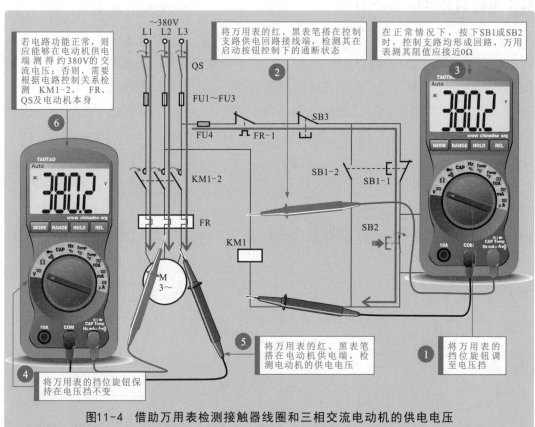

图11-4 借助万用表检测接触器线圈和三相交流电动机的供电电压

补充说明

若控制电路的电压为0V，则需要对电路中的熔断器进行检修，当熔断器损坏时，会造成电动机无法正常启动的故障，因此对熔断器的检修也非常重要。

判断熔断器是否正常时，可使用万用表检测输入端和输出端的电压是否正常。正常情况下，使用万用表电压挡检测输入端有电压，输出端也有电压，说明熔断器良好，如图11-5所示。

图11-5 使用万用表检测熔断器输入端和输出端的电压

11.2 三相交流电动机控制电路的识图案例训练

11.2.1 具有自锁功能的三相交流电动机正转控制电路的识图

文档:具有自锁功能的三相交流电动机正转控制电路识图

具有自锁功能的三相交流电动机控制电路中，由交流接触器的常开触点实现对三相交流电动机启动按钮的自锁，实现松开按钮后，仍保持线路接通的功能，进而实现对三相交流电动机的连续控制。

11.2.2 三相交流电动机点动/连续控制电路的识图

文档:三相交流电动机点动/连续控制电路识图

三相交流电动机点动/连续控制电路是指可实现电动机点动运转和连续运转的控制电路。

11.2.3 三相交流电动机联锁控制电路的识图

文档:三相交流电动机联锁控制电路识图

三相交流电动机联锁控制电路主要是由时间继电器、交流接触器和按钮开关等构成的控制电路与三相交流电动机等构成的。在该电路中按下启动按钮后，第一台电动机启动，然后由时间继电器控制第二台电动机自动启动，停机时，按下停止按钮，断开第二台电动机，然后由时间继电器控制第一台电动机停机。两台电动机的启动和停止时间间隔由时间继电器预设。

11.2.4 三相交流电动机串电阻降压启动控制电路的识图

视频:三相交流电动机串电阻降压启动控制电路识图

三相交流电动机串电阻降压启动控制电路是指在三相交流电动机定子电路中串入电阻器，启动时利用串入的电阻器起到降压、限流的作用，当三相交流电动机启动完毕，再通过电路将串联的电阻短接，从而使三相交流电动机进入全压正常运行状态。

11.2.5 三相交流电动机调速控制电路的识图

视频:三相交流电动机调速控制电路识图

三相交流电动机调速控制电路是指利用时间继电器控制电动机的低速或高速运转，用户可以通过低速运转按钮和高速运转按钮实现对电动机低速和高速运转的切换控制。

第12章

机电设备控制电路识图与检修

12.1 机电设备控制电路的特点与检修

12.1.1 机电设备控制电路的特点

机电设备控制电路主要控制机电设备完成相应的工作,控制电路主要由各种控制部件,如继电器、接触器、按钮开关和电动机设备等构成。图12-1为典型货物升降机的机电控制电路。

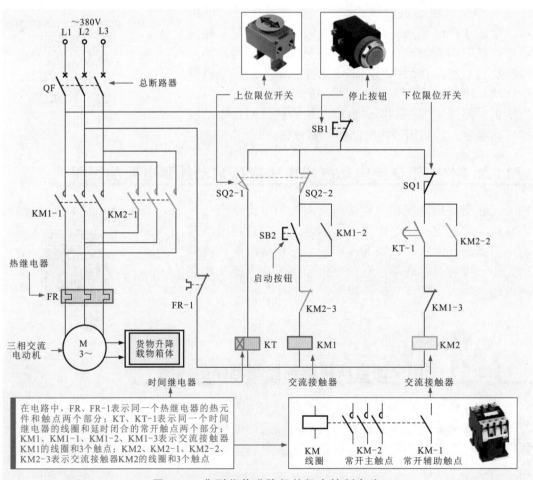

图12-1 典型货物升降机的机电控制电路

12.1.2 机电设备控制电路的检修

检测机电设备控制电路，可根据电路的控制关系，借助万用表测量电路的启停功能、控制功能和整机供电性能，进而完成对电路的检验、调试或故障判别。

以货物升降机控制电路为例，为确保人身和设备安全，在电路检测环节，应先在断电状态下，通过手动操作控制部件动作，初步检验电路的基本功能后，再通电测试电路的性能参数，完成电路的检测。

1 启停操作控制时电路启动功能的检测

在货物升降机控制电路中，通过控制按钮、交流接触器实现对电动机的启动和停止控制。当按下启动按钮时，交流接触器KM1供电线路处于通路状态，可用万用表在电路端测试。

2 限位控制时电路控制功能的检测

在货物升降机控制电路中，通过限位开关与时间继电器实现对货物升降机位置的自动控制。当限位开关SQ2动作时，时间继电器KT线圈的供电电路处于通路状态，可用万用表在电路端测试。

> **补充说明**
>
> 检测货物升降机控制电路的启停或控制功能时，若依据控制关系分析，应闭合或断开的通路出现不闭合或不切断的情况，可根据电气部件的连接关系，逐一检测电路回路中所连接电气部件的性能参数，找到不符合电路控制状态的器件即可，如图12-2所示。

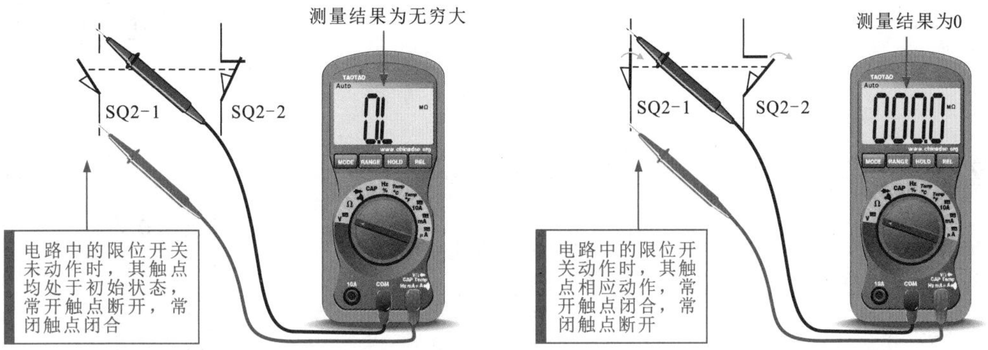

图12-2 检测电路中电气部件（限位开关）的性能参数

3 电路整体性能的检测

若初步检测电路控制关系基本正常，接下来进行通电检测。在确保人身和设备安全的前提下，闭合电路中的电源总开关QF，接通三相电源。按下启动按钮SB2，使电路启动，此时电路进入启动、电动机正转（货物上升）→停转（卸载货物）→反转（货物下降）状态中，可借助万用表测量电路中的电压值。

12.2 机电设备控制电路的识图案例训练

12.2.1 卧式车床控制电路的识图

文档:卧式车床控制电路识图

卧式车床主要用于车削精密零件，加工公制、英制、径节螺纹等，控制电路用于控制车床设备完成相应工作。

12.2.2 抛光机控制电路的识图

文档:抛光机控制电路识图

用脚踏开关控制的抛光机控制电路中，L2、L3经变压器降压后，再经过热继电器的常闭触点FR1-1和脚踏开关SA为交流接触器线圈供电。该电路中应选动作可靠的脚踏开关和与开关相连的电缆，确保能长期可靠地工作。

12.2.3 齿轮磨床控制电路的识图

文档:齿轮磨床控制电路识图

磨床是一种以砂轮为刀具来精确而有效地进行工件表面加工的机床。

12.2.4 摇臂钻床控制电路的识图

文档:摇臂钻床控制电路识图

摇臂钻床主要用于工件的钻孔、扩孔、铰孔、镗孔及攻螺纹等，具有摇臂自动升降、主轴自动进刀、机械传动、夹紧、变速等功能。

12.2.5 铣床控制电路的识图

文档:铣床控制电路识图

铣床用于对工件进行铣削加工。

第13章
农机控制电路识图与检修

13.1 农机控制电路的特点与检修

13.1.1 农机控制电路的特点

　　农机控制电路是指使用在农业生产中所需要设备的控制电路，如排灌设备、农产品加工设备、养殖和畜牧设备等。图13-1为典型自动排灌控制电路。

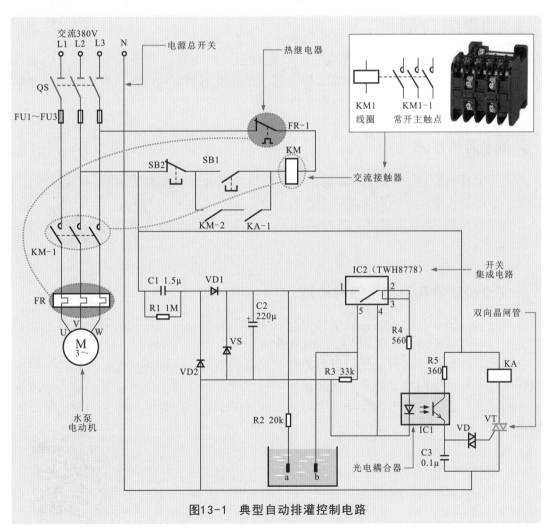

图13-1 典型自动排灌控制电路

13.1.2 农机控制电路的检修

农机控制电路的检修应根据控制关系，对电路中的控制部件和功能部件进行检测。在农田排灌自动控制电路中，接通供电电源后，由开关集成电路IC2、光电耦合器IC1、启动按钮SB1等对电路进行控制。根据控制关系可知，当水位达到要求时，可进行排灌操作；当水位过低时，则停止排灌。

由此可知，当电路功能出现异常，如水位正常、排灌不正常时，可能是开关集成电路IC2、光电耦合器IC1、继电器KA、交流接触器KM和启动按钮SB1等出现异常，可分别对这几个重要部件进行检测。

1 开关集成电路的检测

开关集成电路是农田排灌自动控制电路中的主要控制部件之一，检测时可在排水状态下，检测开关集成电路2脚输出的电压是否正常。若输出异常，则继续对其内部的触点进行检测，即检测1脚与5脚间的阻值是否正常。

2 光电耦合器的检测

若检测开关集成电路可以正常工作，则根据电路关系，可进一步检测光电耦合器。光电耦合器内部是由一个发光二极管和一个光敏晶体管构成的，检测时，需分别检测内部的发光二极管和光敏晶体管是否正常。

3 继电器的检测

继电器KA也是电路中的重要器件，主要用于控制交流接触器线圈的得电状态，因此对继电器性能的检测也是非常重要的。

判断继电器KA是否正常，可将其取下，通常可借助万用表检测继电器线圈与触点间的阻值是否正常。

4 交流接触器和启动按钮的检测

交流接触器和启动按钮在该电路中均用于实现对电动机的控制，两个器件不能正常工作均可造成电路启停功能失常、电动机供电性能异常的情况。

因此，在检测电路时，还可以重点对交流接触器和启动按钮进行检测。具体检测操作时，可根据电路测试结果，选择在断电或通电状态下检测交流接触器或启动按钮触点的通断状态及这些电气部件对电路的通断控制状态，根据检测结果判断电路好坏即可。

文档:农机控制电路检修

13.2 农机控制电路的识图案例训练

13.2.1 禽类养殖孵化室湿度控制电路的识图

禽类养殖孵化室湿度控制电路用来控制孵化室内的湿度维持在一定范围内。当孵化室内的湿度低于设定的湿度时，自动启动加湿器进行加湿工作；当孵化室内的湿度达到设定的湿度时，自动停止加湿器工作，从而保证孵化室内湿度保持在一定范围内。

文档:禽类养殖孵化室湿度控制电路识图

13.2.2 禽蛋孵化恒温箱控制电路的识图

禽蛋孵化恒温箱控制电路用来控制恒温箱内的温度保持恒定温度值。当恒温箱内的温度降低时，自动启动加热器进行加热工作；当恒温箱内的温度达到预定的温度时，自动停止加热器工作，从而保证恒温箱内温度的恒定。

文档:禽蛋孵化恒温箱控制电路识图

13.2.3 养鱼池间歇增氧控制电路的识图

养鱼池间歇增氧控制电路是一种控制电动机间歇工作的电路，通过定时器集成电路输出不同相位的信号控制继电器的间歇工作，同时通过控制开关的闭合与断开来控制继电器触点接通与断开时间的比例。

视频:鱼池间歇增氧控制电路识图

13.2.4 蔬菜大棚温度控制电路的识图

蔬菜大棚温度控制电路是指自动对大棚内的环境温度进行调控的电路。该类电路一般利用热敏电阻器检测环境温度，通过热敏电阻器阻值的变化来控制整个电路的工作，使加热器在低温时加热、高温时停止工作，维持大棚内的温度恒定。

文档:蔬菜大棚温度控制电路识图

13.2.5 秸秆切碎机控制电路的识图

秸秆切碎机驱动控制电路是指利用两个电动机带动机器上的机械设备动作，完成送料和切碎工作的一类农机控制电路，该电路可有效减少人力劳动，提高工作效率。

文档:秸秆切碎机控制电路识图

第14章

PLC及变频电路识图与检修

14.1 PLC控制电路的特点与检修

14.1.1 PLC控制电路的特点

　　PLC控制电路是将操作部件和功能部件直接连接到PLC的相应接口上，并根据PLC内部程序的设定实现相应控制功能的电路。

　　图14-1为由PLC控制的电动机连续运行电路的结构组成。该电路主要是由总断路器QF、PLC、按钮开关（SB1、SB2）、交流接触器KM、指示灯HL1和HL2等组成的。

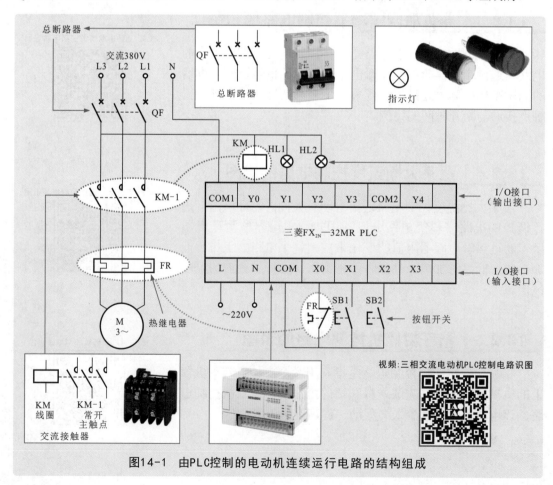

图14-1　由PLC控制的电动机连续运行电路的结构组成

PLC的控制部件和执行部件分别连接在相应的I/O接口上，根据I/O分配表连接，见表14-1。

表14-1　I/O分配表

输入地址编号			输出地址编号		
部件	代号	地址编号	部件	代号	地址编号
热继电器	FR	X0	交流接触器	KM	Y0
启动按钮	SB1	X1	运行指示灯	HL1	Y1
停止按钮	SB2	X2	停机指示灯	HL2	Y2

14.1.2 ｜ PLC控制电路的检修

检修由PLC控制的电动机连续运行电路时，主要应结合PLC的梯形图程序，检查引起电路功能异常的部位，找到损坏或异常的电气部件并更换。PLC的故障概率比较低，检修时可重点排查PLC的输入和输出回路是否存在故障。

1 PLC输入回路的检修

检修PLC的输入回路时，可在PLC通电的情况下（非运行状态，避免设备误动作），按下启动按钮，观察PLC输入端子指示灯，若指示灯点亮，则说明输入回路正常；若指示灯不亮，则可能为启动按钮损坏、线路接触不良或有断线故障。

此时，可在断电状态下检测启动按钮。若启动按钮正常，则可用一根导线短接PLC的输入端子和COM公共端（注意，不可碰触PLC的220V或110V输入端子）。若指示灯点亮，则说明PLC输入端子外接电路存在故障，重新接线即可；若指示灯不亮，则说明PLC输入点损坏（这种情况比较少见，一般为强电误送入输入点导致损坏）。

2 PLC输出回路的检修

以继电器输出型PLC为例。若输入回路正常，PLC输出端子对应指示灯点亮，输出端所连接的执行部件，如交流接触器KM的线圈不得电、不动作，则多为输出回路故障。

首先排查交流接触器的供电是否正常。若供电正常，则应进一步检查执行部件本身有无异常，即检查交流接触器KM的线圈、触点有无断路及电路连接是否正常等。

若交流接触器等执行部件均正常，则可借助万用表的电压挡检测PLC输出端与公共端之间的电压，若电压为0或接近于0，则说明PLC的输出端正常，故障点在外围；若电压较高，则说明PLC输出端触点的接触电阻过大，已经损坏。

> **补充说明**
>
> 在PLC控制回路的检修过程中，若PLC输出端指示灯不亮，但对应的交流接触器动作，则多为输出端出现短路故障（如因过载短路引起输出端的触点烧熔粘连），此时，可将PLC输出端的外接电路拆下，在断电状态下，用万用表的电阻挡检测输出端与公共端之间的阻值，若阻值较小，则说明输出端的内部触点已损坏；若阻值为无穷大，则说明输出端正常，指示灯不亮，多为指示灯本身损坏。
>
> 另外，PLC内部硬件或软件运行出错的概率很低。PLC输入端的触点除非误加入强电，否则也很少损坏；PLC输出继电器的常开触点寿命比较长（外围负载短路或负载电流超出额定范围时可能导致触点短路）。因此，检修PLC控制电路时，应重点检测PLC外接的电气部件和电路的接线情况。

14.2 变频控制电路的特点与检修

14.2.1 变频控制电路的特点

变频控制电路是利用变频器对三相交流电动机进行启动、变频调速和停机等多种控制的电路。图14-2为典型工业绕线机变频控制电路的结构组成。

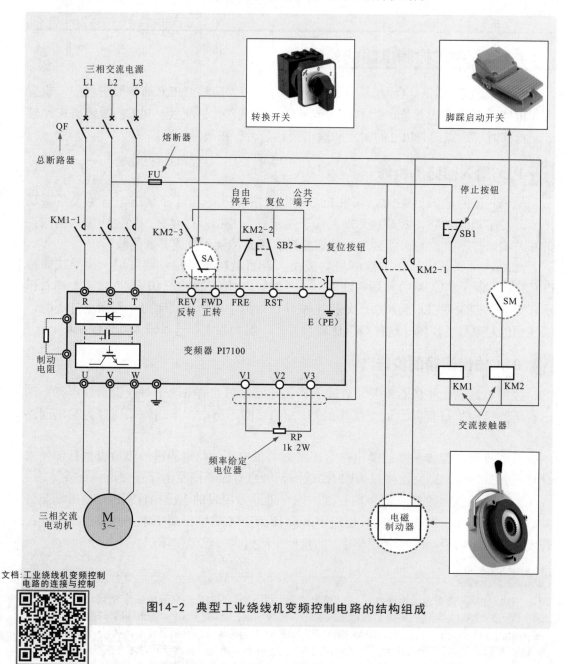

图14-2 典型工业绕线机变频控制电路的结构组成

文档:工业绕线机变频控制
电路的连接与控制

该控制电路主要由总断路器（QF）、交流接触器（KM1、KM2）、变频器（PI7100）、停止按钮（SB1）、脚踩启动开关（SM）、电磁制动器等部分构成。

14.2.2 | 变频控制电路的检修

工业绕线机变频控制电路中变频器输入、输出电压的检测方法如图14-3所示。

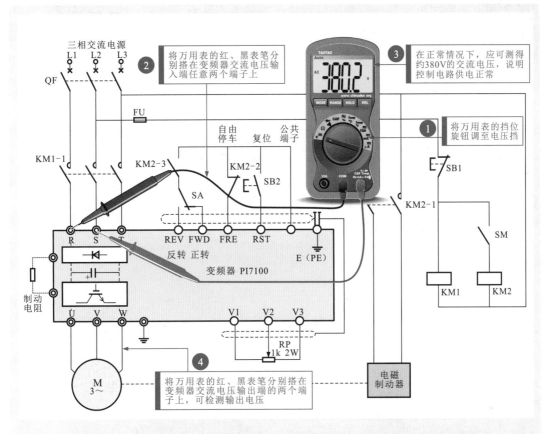

图14-3 工业绕线机变频控制电路中变频器输入、输出电压的检测方法

若变频器输入电压正常，则说明控制电路已工作，交流接触器得电，触点闭合，此时若变频器无任何电压输出，则多为变频器本身异常，需要检修变频器；若按下启动按钮，电路无反应，变频器输入端无电压，则说明电路未进入启动状态，需要检测启动按钮、交流接触器等电气部件。

14.3 PLC及变频电路的识图案例训练

14.3.1 | 三相交流电动机联锁启停PLC控制电路的识图

三相交流电动机联锁启停PLC控制电路实现了两台电动机顺序启动、反顺序停机的控制过程，将PLC内部梯形图与外部电气部件控制关系结合，了解具体控制过程。

文档:三相交流电动机联锁启停控制电路识图

14.3.2 | 三相交流电动机反接制动PLC控制电路的识图

三相交流电动机反接制动PLC控制电路主要是在PLC控制下将电动机绕组电源相序进行切换，从而实现正相启动运转，反相制动停机的控制过程。将PLC内部梯形图与外部电气部件控制关系结合，了解具体控制过程。

文档:三相交流电动机反接制动PLC控制电路识图

14.3.3 | 电动葫芦PLC控制电路的识图

电动葫芦是起重运输机械的一种，主要用来提升、下降或平移重物。电动葫芦的PLC控制电路即是借助PLC实现对电动葫芦的各项控制功能。

文档:电动葫芦PLC控制电路识图

14.3.4 | 自动门PLC控制电路的识图

自动门PLC控制电路是指在PLC的控制下实现门的自动开、闭等操作。

文档:自动门PLC控制电路识图

14.3.5 | PLC和变频器组合的刨床控制电路的识图

刨床拖动系统中，主拖动系统需要一台三相异步电动机，调速系统由专用接近开关得到的信号接至PLC控制器的输入端，通过PLC的输出端控制变频器，以调整刨床在各时间段的转速。

文档:PLC和变频器组合的刨床控制电路识图

14.3.6 | 鼓风机变频驱动控制电路的识图

典型的燃煤炉鼓风机变频电路中，主要采用康沃CVF—P2—4T0055型风机、水泵专用变频器，控制对象为5.5kW的三相交流电动机（鼓风机电动机）。变频器可对三相交流电动机的转速进行控制，从而调节风量，风速大小要求由司炉工操作，因炉温较高，故要求变频器放在较远处的配电柜内。

文档:鼓风机变频驱动控制电路识图